环流预汽提组合旋流快分系统的流动特性及结构优化研究

梁昌平　张智亮　刘启虞
岳巧萍　袁庆洪　李骏锋　著

西安电子科技大学出版社

内 容 简 介

本书对环流预汽提组合旋流快分(CSVQS)系统的流动特性及结构优化进行了深入研究。首先,基于工业催化裂化过程,建立了一套大型冷模实验装置,通过研究得到了不同操作条件下气相流场的分布规律和 CSVQS 系统的床层压降与分离效率;随后,建立了无颗粒时 CSVQS 系统的计算流体动力学模型,得到了无颗粒时 CSVQS 系统喷出段、分离段、引出段和沉降段的气相流场分布,同时还深入研究了操作条件对 CSVQS 系统气相流场的影响规律;基于上述实验研究,建立了有颗粒时 CSVQS 系统的计算模型,获得了颗粒流动轨迹、气相速度场、气相压力场和入口颗粒浓度对气相流场的影响,研究了有、无颗粒时 CSVQS 系统的气相湍流特性;最后,采用数值模拟方法对 CSVQS 系统的封闭罩结构尺寸、环流预汽提段结构等进行了优化研究。

本书注重理论、贴近实际,有较强的技术性和实用性,可供从事炼油行业科学研究、技术开发、运行管理的科技工作者和设备操作人员或高等院校师生参考。

图书在版编目(CIP)数据

环流预汽提组合旋流快分系统的流动特性及结构优化研究 / 梁昌平等著.
-- 西安 : 西安电子科技大学出版社,2024. 9. -- ISBN 978-7-5606-7375-2

Ⅰ. TE966

中国国家版本馆 CIP 数据核字第 2024PE2557 号

策　　划　高　樱
责任编辑　武翠琴
出版发行　西安电子科技大学出版社(西安市太白南路 2 号)
电　　话　(029)88202421　88201467　　邮　编　710071
网　　址　www.xduph.com　　　　　电子邮箱　xdupfxb001@163.com
经　　销　新华书店
印刷单位　陕西天意印务有限责任公司
版　　次　2024 年 9 月第 1 版　2024 年 9 月第 1 次印刷
开　　本　787 毫米×960 毫米　1/16　印张 11.5
字　　数　232 千字
定　　价　41.00 元

ISBN 978-7-5606-7375-2

XDUP 7676001-1

＊＊＊如有印装问题可调换＊＊＊

前　言

　　催化裂化是石油炼制过程之一，是在热和催化剂的作用下使重质油发生裂化反应，转变为裂化气、汽油和柴油等的过程。盘环形挡板和人字形挡板是催化裂化过程中广泛用于催化裂化后反应区 SVQS(Super Vortex Quick Separation，超级旋流快分)系统中预汽提段内的挡板结构。这两种结构均较复杂，在实际生产过程中往往存在局部流化死区，且汽提效率较低。相比于这两种汽提结构，环流预汽提器具有较简单的结构，且汽提效果较好。为了提高汽提效率、减小流化死区，中国石油大学(北京)开发了环流预汽提组合旋流快分(Circulating Stripping Vortex Quick Separation，CSVQS)系统，即将环流预汽提结构耦合于提升管出口端的 SVQS 系统。

　　目前，研究者们分别针对气固环流系统和快分系统内部的气固流动规律和传热传质特性开展了大量研究，但是这些研究均局限于单项技术。基于此，本书将采用实验研究和数值模拟相结合的方法对 CSVQS 系统开展研究，以深入认识其内部流体力学性能，进一步对其关键部件进行结构优化，为 CSVQS 系统的工业设计提供理论参考。首先，在冷模实验装置上，通过实验的方式来分析 CSVQS 系统的气相流场及分离性能，以期为 CSVQS 系统的工业设计、放大及应用提供基础数据。然后，采用数值计算的方法，结合实验和模拟结果，通过建立正确的 CFD(Computational Fluid Dynamics，计算流体动力学)数学模型来对 CSVQS 系统的流体力学特性进行模拟，以期能够更加深入、全面地认识 CSVQS 系统内部气体的流动规律，为 CSVQS 系统的结构优化提供依据，从而实现实验、模拟与工业应用的良好结合。

　　本书具有以下 4 个创新点：

　　(1) 针对密相环流预汽提器与新型旋流快分的优良特性，在 SVQS 系统的基础上耦合了环流预汽提段，构建了一种新型提升管出口旋流快分系统——CSVQS 系统；首次突破了现有研究仅单项采用快分技术或环流反应器的技术局限，将为解决催化裂化生产中高效预汽提、减轻结焦等技术难题提供可行方案；通过冷模实验的方法对 CSVQS 系统内部的气相流场、分离效率和压降进行了测量。CSVQS 系统能够有效实现气固高效分离，无论是操作稳定性还是操作弹性都较佳，最高分离效率可达 99.93%，高于 SVQS 系统的最高分离效率(97.12%)，且快分压降分布更加合理。

　　(2) 采用数值模拟方法获得了无颗粒时 CSVQS 系统的气相流动特性，更准确地确定出了喷出段、分离段、引出段、沉降段的气相流场分布情况。由于受到实验条件的限制，以往的提升管出口旋流快分系统气相流场的实验研究都是在常温、常压下开展的,而模拟研究也通常都是围绕着常温、常压条件,没有考虑到流场会受到温度、压力变化等因素的影响。鉴于此,通过数值模拟的方法给出了操作温度、操作压力对气相流场的影响规律。

(3) 对有颗粒时 CSVQS 系统的气相流动特性进行了详细的模拟研究,分析了颗粒流动轨迹、有颗粒时的气相速度场、有颗粒时的气相压力场,以及入口颗粒浓度对气相流场的影响。此外,针对 CSVQS 系统较为复杂的三维强旋湍流场结构,分别从有颗粒和无颗粒两个角度对其气相湍动特性进行了研究。

(4) 模拟研究了封闭罩环形空间面积与旋流头喷口面积之比(即 S 值)、封闭罩下端结构形式和结构尺寸等对 CSVQS 系统内气相流场、气体停留时间、分离效率等的影响规律。此外,还模拟研究了环流预汽提段内的颗粒流动情况,对气体分布器位置与导流筒高度进行了结构优化,并对优化结果进行了数值验证。

本书为学术专著,由常熟理工学院梁昌平博士、张智亮教授、刘启虞博士、岳巧萍老师、袁庆洪硕士、李骏锋硕士共同撰写。其中,梁昌平撰写了第 1 章、第 3 章和第 5 章,张智亮撰写了第 2 章和第 7 章,刘启虞、岳巧萍共同撰写了第 4 章,袁庆洪撰写了第 6 章,李骏锋负责全书校对。本书为常熟理工学院及四川省科技计划项目(项目编号:2023NSFSC1985)资助成果。

本书在撰写过程中得到了卢春喜教授和鄂承林高级工程师、王若瑾博士、龙文宇博士、梁咏诗博士、闫子涵博士、黄世平硕士、程兆龙硕士、王子建硕士、贾海兵硕士、王婷硕士等的大力帮助,在此表示衷心的感谢。还要特别感谢所有被本书引用和参考过的文献作者,是他们的研究成果为本书提供了参考和借鉴。

由于著者水平有限,加之时间仓促,书中的疏漏和不足之处在所难免,敬请专家和读者批评指正。

著 者
2024 年 3 月

目　录

第1章
绪　　论

1.1　催化裂化技术

1.1.1　概述

提升管催化裂化是原油二次加工的主要工序之一，重质油在催化裂化装置中会由于催化剂和高温的共同作用而出现裂化反应，转变为柴油、煤油、汽油、裂化气等物质，主要反应包括生焦反应、缩合反应、氢转移反应、分解反应、异构化反应等[1]。与热裂化相比，提升管催化裂化所产出的柴油具有更佳的安定性，所产出的汽油具有更佳的辛烷值，其副产品液化气中还会富含烯烃。自 1936 年世界上第一套固定床催化裂化工业装置诞生以来，催化裂化技术经历了 20 世纪 40～50 年代的移动床工艺和流化床工艺的平行发展时期，以及 60 年代的流化催化裂化(Fluid Catalytic Cracking，FCC)工艺的快速发展阶段。20 世纪 70 年代以后，伴随着分子筛催化剂的开发成功和不断改进，提升管流化催化裂化工艺逐渐成为催化裂化过程的主导工艺技术。

催化裂化工艺技术的发展与催化裂化催化剂的进步密不可分。催化裂化催化剂由最初的天然片状酸性白土、粉状硅酸铝、微球硅酸铝，发展到合成硅酸铝，以及目前普遍采用的分子筛催化剂。分子筛催化剂也在随着催化裂化原料、工艺、产品需求的变化而变化，各种功能化的催化裂化催化剂不断开发成功，其活性、选择性和稳定性不断提升。分子筛催化剂中的活性分子筛组分包括 X 型分子筛、Y 型分子筛、超稳 Y 型分子筛、稀土 Y 型分子筛和择形分子筛 ZSM-5 等，其他组分包括各种基质、黏结剂和助剂等。催化裂化过程所加工的原料从最开始的柴油馏分油和减压馏分油到掺炼脱沥青油、焦化蜡油、页岩油、常压渣油、减压渣油、渣油加氢脱硫装置的常压渣油，甚至直接加工常压渣油或减压渣油等，原料适应性不断增强。从所加工原料来看，催化裂化技术经历了最初的柴油馏分的固定床催化裂化、发展阶段的蜡油馏分催化裂化，以及目前较为普及的重油催化裂化（Residue Fluidized Catalytic Cracking，RFCC）。RFCC 装置除少数用于加工纯常压渣油或减压渣油以外，多数用于加工蜡油掺兑渣油的混合原料。

20 世纪 80 年代后期，中国的重油催化裂化装置发展迅速，至今中国催化裂化过程的总加工能力已超过 200 Mt/a。随着市场需求的变化和催化裂化技术的进步，催化裂化的原料由轻变重，目标产品也从最初的汽油扩展到汽油和柴油、液化气和汽柴油、液化气和高辛烷值汽油，以及低碳烯烃和高辛烷值汽油，或发展以生产低碳烯烃以及苯、甲苯和二甲苯为目的的新技术。2002 年，世界上第一套多功能两段提升管反应器在中国石油大学（华东）胜华炼油厂年加工能力为 10 万吨的催化裂化工业装置上改造成功。

中国在 2009 年起开始成为全球最大的能源消费国，据 BP《世界能源统计年鉴（2022）》及《中国矿产资源报告（2022）》的统计数据表明：2021 年中国的能源消费量占世界能源消费总量的 26.5%，但是中国一次能源结构中的石油和天然气所占比例分别为 18.5%、8.9%，合计 27.4%，远低于世界平均水平（57.4%）；而煤炭占中国一次能源的比例为 56.0%，又远高于世界平均水平（仅为 28.1%）。

鉴于中国的环境污染现状，利用更加清洁的一次能源将是大势所趋，这意味着中国仍然有增加石油和天然气消费的潜力。2022 年中国消费石油为 7.19 亿吨，进口原油为 5.08 亿吨，进口比例超过 70%，而且重油比重较大。因此，重油的有效轻质化是充分利用宝贵石油资源的关键。在焦化、催化裂化、重油加氢处理和加氢裂化几种主要重油轻质化过程中，催化裂化过程的地位依然至关重要。截至 2022 年年底，中国的催化裂化汽油约占汽油总量的 80%，催化裂化柴油约占柴油总量的 30%，凸显了中国催化裂化技术在重油轻质化过程中的重要地位。

在全球范围内，催化裂化装置也是主要的汽油生产装置，在某些国家还是柴油的重要生产装置。例如，美国的 FCC 汽油约占汽油总量的 36%，若加上 FCC 衍生汽油组分则更高，甚至超过了 50%；在欧洲，催化裂化型炼油厂的数量约占总炼油厂数量的 60%，FCC 汽油约占欧洲汽油总量的 35%；日本的 35 家炼油厂中属于催化裂化型的有 25 家，约占 71%，FCC 汽油占总汽油的比例在 25%～30%。此外，催化裂化装置在提供大量运输燃料调和组分的同时，还提供了世界丙烯总产量的约 32%，中国丙烯总产量的 40% 以上也由催化裂化装置提供。因此，无论从国内还是全球范围来看，催化裂化工艺在现代炼油厂中的重要地位仍然不可取代。

1.1.2　催化裂化装置的组成部分

催化裂化装置一般由反应-再生系统、分馏系统、吸收-稳定系统及再生烟气能量回收系统组成。

1. 反应-再生系统

新鲜原料(以馏分油为例)换热后与回炼油分别经两加热炉预热至 300～380℃,由喷嘴喷入提升管反应器底部(油浆不进加热炉,而是直接进提升管)与高温再生催化剂相遇,立即产生汽化反应,油气与雾化蒸气及预提升蒸气一起以 7～8 m/s 的入口线速携带催化剂沿提升管向上流动,在 470～510℃ 的反应温度下停留约 2～4 s,以 13～20 m/s 的高线速通过提升管出口,经快速分离器进入沉降器,携带少量催化剂的油气与蒸气的混合气经两级旋风分离器后进入集气室,通过沉降器顶部出口进入分馏系统。

经快速分离器分出的催化剂,自沉降器下部进入汽提段,经旋风分离器回收的催化剂通过料腿也流入汽提段。进入汽提段的待生催化剂用水蒸气吹脱吸附的油气,经待生斜管、待生单动滑阀后以切线方式进入再生器,在 650～690℃ 的温度下进行再生。再生器维持 0.15～0.25 MPa(表)的顶部压力,床层线速约为 1～1.2 m/s。含碳量降到 0.2% 以下的再生催化剂经淹流管、再生斜管和再生单动滑阀进入提升管反应器,构成催化剂的循环。烧焦产生的再生烟气,经再生器稀相段后进入旋风分离器。经两级旋风分离除去携带的大部分催化剂,烟气通过集气室(或集气管)和双动滑阀排入烟囱(或去能量回收系统)。回收的催化剂经料腿返回床层。

再生烧焦所需空气由主风机供给,通过辅助燃烧室及分布板(或管)进入再生器。在生产过程中催化剂会有损失,为了维持系统内的催化剂藏量,需要定期地或经常地向系统补充新鲜催化剂。即使是催化剂损失很低的装置,由于催化剂老化减活或受重金属污染,也需要放出一些废催化剂,补充一些新鲜催化剂,以维持系统内平衡催化剂的活性。为此,装置内应设有两个催化剂贮罐,一个是供加料用的新鲜催化剂贮罐,另一个是供卸料用的热平衡催化剂贮罐。

反应-再生系统的主要控制手段有:第一,通过直气压机入口压力调节汽轮机转速来控制富气流量,以维持沉降器顶部压力恒定;第二,以两器压差作为调节信号,用双动滑阀对再生器顶部压力进行控制;第三,以提升管反应器出口温度为调节信号,通过再生滑阀开度来调节催化剂循环量;第四,通过自动保护系统防止事故发生。

2. 分馏系统

由沉降器顶部出来的反应产物油气进入分馏塔下部,经装有挡板的脱过热段后,油气自下而上通过分馏塔。经分馏后得到富气、粗汽油、轻柴油、重柴油(也可以不出重柴油)、回炼油及油浆。如在塔底设油浆澄清段,可脱除催化剂出澄清油,浓缩的稠油浆再用回炼油稀释送回反应器进行回炼并回收催化剂。如不回炼也可送出装置。轻柴油和重柴油分别经汽提塔汽提后,再经换热、冷却,然后出装置。轻柴油有一部分经冷却后送至再吸收塔,作为吸收剂,然后返回分馏塔。

分馏系统的主要过程在分馏塔内进行。与一般精馏塔相比，催化裂化分馏塔具有如下技术特点：

（1）分馏塔进料是过热气体，并带有催化剂细粉，所以进料口在塔的底部，塔下段用油浆循环以冲洗挡板和防止催化剂在塔底沉积，并经过油浆与原料换热取走过剩热量。油浆固体含量可用油浆回炼量或外排量来控制，塔底温度则用循环油浆流量和返塔温度进行控制。

（2）塔顶气态产品量大，为减少塔顶冷凝器负荷，塔顶也采用循环回流取热代替冷回流，以减少冷凝冷却器的总面积。

（3）由于全塔过剩热量大，为保证全塔气液负荷相差不过于悬殊并回收高温位的热量，除在塔底设置油浆循环外，还在中段设置循环回流取热。

3. 吸收-稳定系统

吸收-稳定系统的目的在于将来自分馏部分的催化富气中 C2 以下组分（干气）与 C3、C4 组分（液化气）分离，以便分别利用，同时将混入汽油中的少量气体烃分出，以降低汽油的蒸气压，保证汽油符合商品规格。

由分馏系统油气分离器出来的富气经气体压缩机升压后，冷却并分出凝缩油，压缩富气进入吸收塔底部，粗汽油和稳定汽油作为吸收剂由塔顶进入，吸收了 C3、C4（及部分 C2）的富吸收油由塔底抽出送至解吸塔顶部。吸收塔设有一个中段回流以维持塔内较低的温度。吸收塔顶出来的贫气中尚夹带少量汽油，这少量汽油经再吸收塔用轻柴油回收其中的汽油组分后成为干气送燃料气管网。吸收了汽油的轻柴油由再吸收塔底抽出返回分馏塔。解吸塔的作用是通过加热将富吸收油中 C2 组分解吸出来，由塔顶引出进入中间平衡罐，塔底的脱乙烷汽油被送至稳定塔。稳定塔的功能是将汽油中 C4 以下的轻烃脱除，在塔顶得到液化石油气（简称液化气），塔底得到合格的汽油（即稳定汽油）。

4. 再生烟气能量回收系统

除以上三大系统外，现代催化裂化装置（尤其是大型装置）大都设有烟气能量回收系统，目的是最大限度地回收能量，降低装置能耗。从再生器出来的高温烟气进入三级旋风分离器后，可除去烟气中绝大部分催化剂微粒，之后烟气通过调节蝶阀进入烟气轮机（又叫烟气透平）膨胀做功，使其动能转化为机械能，驱动主风机（轴流风机）转动，提供再生所需空气。开工时无高温烟气，主风机由电动机（或汽轮机，又称蒸气透平）带动。正常操作时若烟气轮机功率带动主风机尚有剩余，则电动机可以作为发电机，向配电系统输出电功率。烟气经过烟气轮机后，温度、压力都有所降低（温度约降低 100～150 ℃），但含有大量的显热能（如不是完全再生，还有化学能），故排出的烟气可进入废热锅炉（或 CO 锅炉）回收能量，产生的水蒸气可供汽轮机或装置内外其他部分使用。为了使操作灵活、安全，流程中另设有一条辅线，使得从三级旋风分离器出来的烟气可根据需要直接从锅炉进入烟囱。

1.2 提升管末端快分系统

1.2.1 概述

催化裂化是重质油轻质化的核心加工手段,当前反应原料重质化趋势日益明显,大幅度增加了裂化反应的难度与深度,导致沉降器内出现热裂化、二次裂化的概率大幅度增加,还会出现由于油气长时间停留和返混而产生的沉降器内严重结焦现象,这对于炼油工业的发展无疑是很不利的[2]。以上现实生产需求要求设计、开发出性能更加优越的提升管末端快速分离系统(简称为快分系统),以此来达到"三快"(快速预汽提已分离的催化剂、快速引出油气、快速气固分离)的要求,最大限度地减缓沉降器内部的结焦问题[3-5]。

很多科研院所和石油企业不断钻研,开发了一大批提升管末端快分系统。国外较为著名的包括 Stone&Webser 公司开发的轴流式旋分系统[6]、Mobil 公司开发的闭式直联旋风系统[7],而国内主要是由中国石油大学(北京)开发的 CSC 系统[8](Circulating Stripping Cyclone System,密相环流汽提式粗旋系统)、VQS 系统[9](Vortex Quick Separator System,旋流式快分系统)、FSC 系统[10](Fender-Stripping Cyclone System,环形挡板式汽提粗旋系统)、CVQS 系统[11](Circulating Vortex Quick Separation System,环流旋流快分系统)。

为了解决 VQS 系统存在的部分上行"短路流"问题,中国石油大学(北京)又开发了一种带有隔流筒和隔流盖板的 SVQS 系统[12]。SVQS 系统较好地消除了"短路流"问题,其快速分离性能更加优良,且沉降器系统内油气的平均停留时间较短。

旋流快分器下方的预汽提段主要用于预汽提已分离催化剂颗粒所夹带的油气,既可减缓沉降器内部的结焦,又可将颗粒夹带的油气进行回收。但目前 SVQS 系统采用的主要是汽提效率较低、结构较复杂的盘环形挡板或人形挡板的预汽提结构。为此,中国石油大学(北京)于 2016 年提出一种上部仍为带有隔流筒和隔流盖板的 SVQS 快分头,下部则采用汽提效率高、结构简单的环流预汽提代替传统的盘环形挡板或人形挡板预汽提的提升管出口快分系统(CSVQS 系统)。

1.2.2 基于惯性分离的快分系统

基于惯性分离的快分系统是最早应用于工业化生产的快分系统,主要利用固体与气体之间惯性力的差别来达到气固分离的效果,T 型、倒 L 型、伞帽型等均为此类系统的代表产品。但是,此类快分系统(器)没有考虑到油气在反应后的返混问题,而单单仅从提高气固一次分离的效率入手,导致沉降器系统内油气的平均停留时间高达 10~20 s,且较易热裂化，如此既会导致沉降器内出现严重结焦的现象，又会降低轻质油的收率，长此以往，会对催化裂化装置的稳定运行造成较大的影响。因此，T 型、倒 L 型、伞帽型快分器基本被淘汰。而后，UOP 石油公司与 Ashland 石油公司基于惯性分离机理合作开发出了弹射式快分器和三叶型快分器(如图 1.1 所示)。弹射式快分器的操作弹性较差，很容易导致生产装置出现频繁开停工的问题；虽然三叶型快分器的压降较小、分离效率较高，但是仍然没有解决油气停留时间过长的问题。

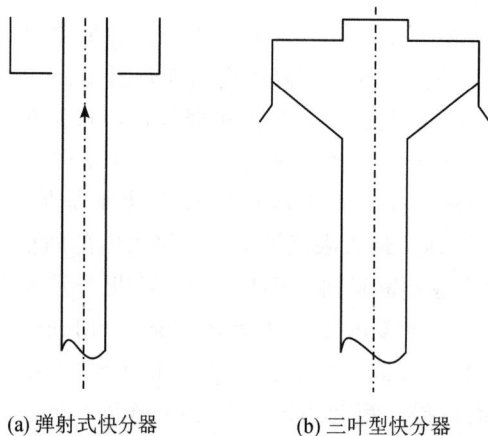

(a) 弹射式快分器   (b) 三叶型快分器

图 1.1　弹射式快分器和三叶型快分器结构示意图

Donsi 等人[13]也基于惯性分离原理开发出了一种快分器(如图 1.2 所示)。由图可见，气固两相以竖直向上的方式进入快分器，而后沿着 U 型弯管运动，固相要比气相排出的时间更早，可取得停留时间短(最低可达 4 s)的效果，再加之该分离器的体积小、结构简单，故有一定的应用价值。但是，其最大的问题在于：① 不适用于对粒径小于 40 μm 的颗粒进行分离；② 若入口气速在 10～35 m/s，颗粒质量流率小于 200 kg/($m^2 \cdot$ s)，那么随着入口气速的增加，快分器的分离效率会降低。

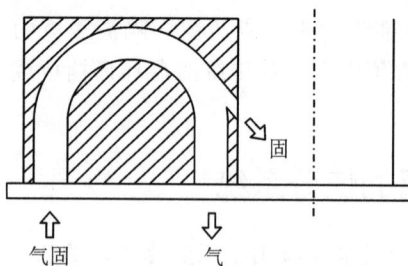

图 1.2　U 型管式惯性快分器结构示意图

郭慕孙等人[14]提出了一种单极弧面锥体气固快分系统(如图 1.3 所示)，该系统特别适用于下行循环流化床。实验表明：随着气速的增加，单极弧面锥体气固快分系统的分离效率会降低；随着颗粒循环量的增加，单极弧面锥体气固快分系统的分离效率会增大，其压降损失仍然高于 500 Pa[15]。在此基础之上，中国科学院过程工程研究所又开发出了同轴式双极弧面锥体两级气固快分系统(如图 1.4 所示)。该系统既能够符合下行循环流化床反应器的工作需要，又能够降低压降损失，使之低于 100 Pa。虽然该分离器的压降较低、分离效率较高，但需要较大的管径比，这样就有可能会导致分离器的体积较大，不便于应用到工业领域。

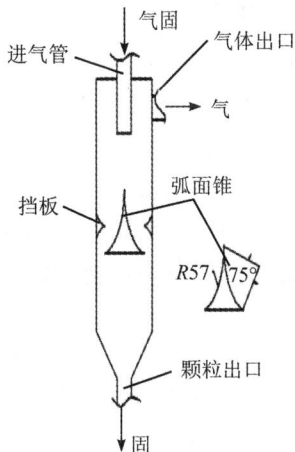

图 1.3 单极弧面锥体气固快分系统结构示意图

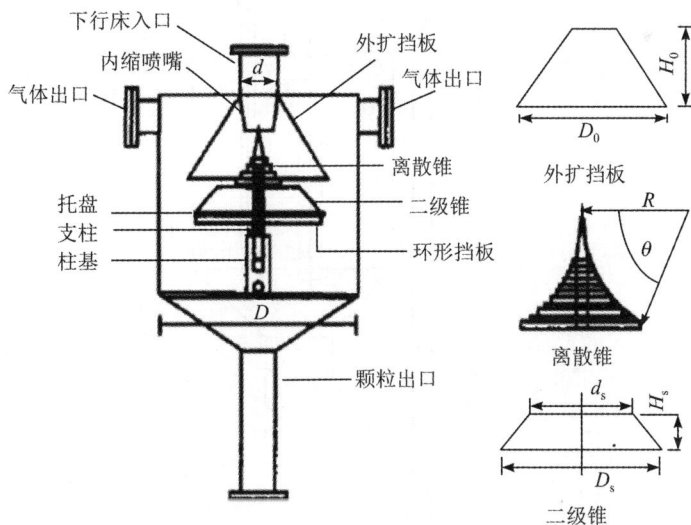

图 1.4 双极弧面锥体两级气固快分系统结构示意图

1.2.3 基于离心分离的快分系统

离心分离的基本原理是利用高速旋转下气固两相混合物所形成的强离心力场,旋风分离器是应用最为广泛的离心分离器。自从 1886 年第一台圆锥形旋风分离器问世以来,旋风分离器取得了较大的发展,在催化裂化装置中的应用也较为成熟。

1. 直联旋风分离器与闭式直联系统

提升管反应器出口直联旋风分离器(俗称"粗旋")示意图如图 1.5 所示。粗旋后的气固分离效率通常较高,可达 98% 以上。油气在经过粗旋分离之后,从粗旋升气管排出,进入沉降器空间,但是油气的上升速度较为缓慢,上升到沉降器上部的旋风分离器的时间往往要超过 10 s,再通过上部的旋风分离器进行更加深入的分离,这样一来,就会导致沉降器内油气的平均停留时间高达 10~20 s,而沉降器处于高温状态,这样就会对轻质油收率造成较大的影响。为了能够解决沉降器内油气平均停留时间过长的问题,同时又要保持旋风

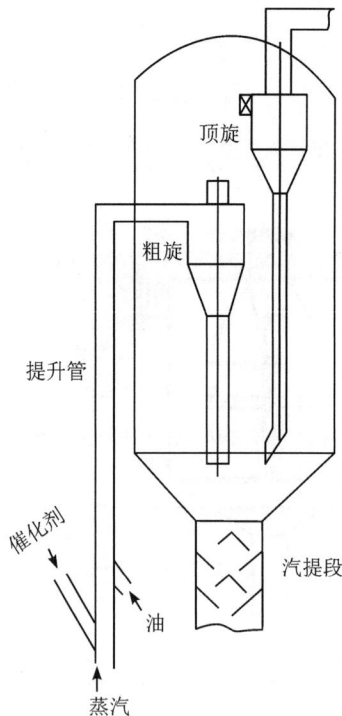

图 1.5 直联旋风分离器示意图

分离器分离效率高的优点，Mobil 公司开发了闭式直联系统（如图 1.6 所示）。闭式直联系统[7]将粗旋与提升管末端直接相连，并且将一环形入口（未封闭）设置于粗旋出口导管与顶旋入口导管之间，便于油气、汽提蒸汽自由进出沉降器。闭式直联系统能够降低沉降器内油气的平均停留时间，进而也可较好地解决沉降器内油气的返混问题，但是闭式直联系统的操作弹性小[16]。

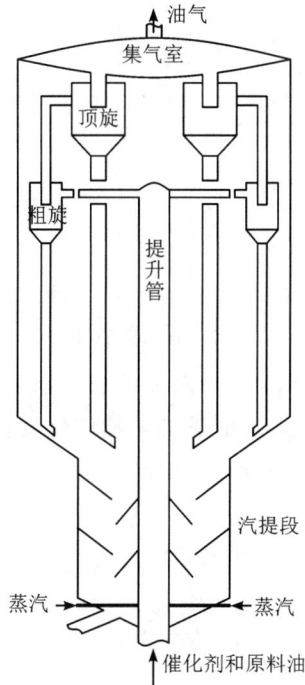

图 1.6　闭式直联系统示意图

2. FSC、VQS、CSC 离心分离快分系统

　　从 1994 年开始，中国石油大学（北京）就已经开始对新型快分系统进行研究和开发，分别提出了三种离心分离快分系统——FSC 系统、VQS 系统与 CSC 系统。

　　FSC 系统（如图 1.7 所示）的创新点在于：预汽提器与粗旋直接连接在一起，分离器内还装有汽提挡板（有 4～6 层，带有裙边并开孔）、中心稳涡杆、消涡板。研究表明，采用了 FSC 系统之后，既能够保持较高的分离效率，又能够防止粗旋分离空间流场受到汽提气吹入影响，还能够改善汽提效果。与此同时，FSC 系统对汽提器进行了结构优化，既可对气固两相流动状态进行改善，又能够尽量减少汽提器流场受到下行气流的干扰，还可有效提高催化剂与汽提蒸汽之间的接触效果，使汽提效果得到较大程度的改善[17-18]。

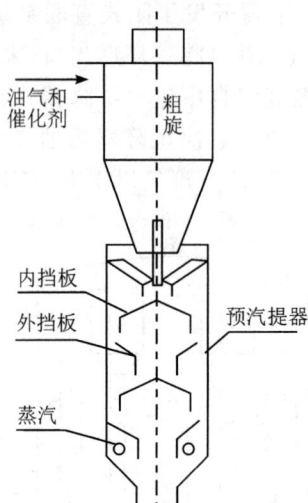

图 1.7　FSC 系统结构示意图

VQS 系统(如图 1.8 所示)主要由四个部分组成,分别是预汽提段、导流管、快分头、封闭罩。VQS 系统主要是针对大型内提升管的重油催化裂化装置而开发的。一旦油气离开 VQS 快分头之后,沉降器内油气的平均停留时间会低于 5 s[19];在冷模实验下,VQS 系统

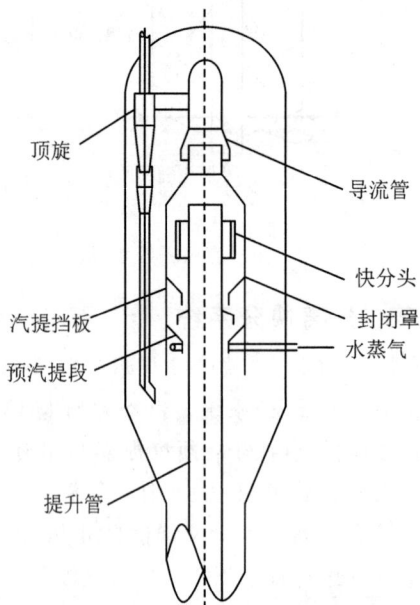

图 1.8　VQS 系统结构示意图

的气固分离效率高于 98.5％，且系统各部分压力均可合理分布，预汽提效果较佳。工业试验结果表明：应用了 VQS 系统之后，沉降器内油气返混现象大幅度减少，这样就可大幅度提高掺渣比，明显降低干气产率与焦炭产率，明显提高汽提效果，焦炭中氢质量分数降低了 1.5 个百分点[20]。孙凤侠等人[21-22]对 VQS 旋流快分系统封闭罩内的气相流场用"实验测试＋数值模拟"来进行研究，发现有短路流现象出现在 VQS 旋流头喷口附近区域。针对这种情况，孙凤侠等人[23]在原有 VQS 旋流头结构的基础上增设了隔流筒，并且测定了其流场流动情况，测量结果表明：虽然短路流现象仍然出现在隔流筒的底部区域，但是隔流筒的存在提高了 VQS 的分离效率，并且消除了 VQS 旋流头喷口附近区域的短路流现象。

为了能更好地解决快分系统中预汽提器存在的问题，中国石油大学（北京）在参考气液环流技术的基础上，开发出了 CSC 系统（如图 1.9 所示）。CSC 系统的主要创新点在于：采用全新气固密相环流技术来改进下部挡板结构；预汽提器内的固体颗粒形成密相床层，并且还在内外两个环形空间之间形成环流，这样既能够较好地对催化剂与汽提蒸汽二者之间的接触效果进行改善，又能够利用密相环流原理来让催化剂反复获得新鲜蒸汽的汽提，无疑可降低粗旋中排出的固体颗粒相中的气含率，还可提高汽提效果。CSC 系统的气固分离效率较佳，且系统各部分压力均可合理分布。冷模实验表明：当气体线速处于 9～21 m/s 范围时，气固分离效率可高于 99％，且预汽提效果较佳[24]。

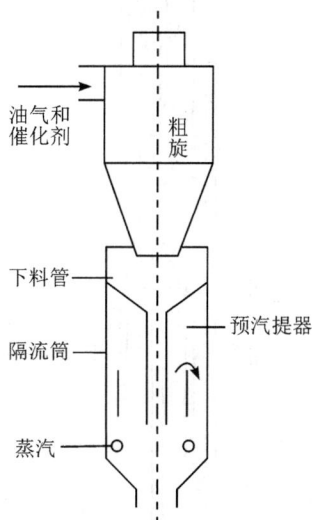

图 1.9　CSC 系统结构示意图

1.2.4　基于离心、惯性协同分离机理的快分系统

虽然基于离心分离的快分系统已经成功地应用到了工业化生产过程中，并且应用效果

较佳，特别是气固分离效率较高，但是仍然存在一些问题，主要问题为：油气在快分头内需要旋转3～5圈之后才可离开，这样就会导致快分系统内部的油气停留时间仍然要长达1～2 s。而与基于离心分离的快分系统相比，基于惯性分离的快分系统虽然气固分离效率更低，但是快分系统内部的油气停留时间却更短，甚至可以达到低于0.3 s。鉴于此，基于离心、惯性协同分离机理的快分系统就得以出现，其兼具离心分离的高效和惯性分离的短停留时间双重优势。

1. Stone & Webster 公司的快分系统

Stone & Webster 公司下属的 Gerald Earl 公司和 Warren S. Letzsch 公司联合开发了三种 Rams horn 工业装置应用结构，如图 1.10 和图 1.11 所示。由图可以看出，分离器由分离室、偏转室、两条水平的出气导管、两路下行的颗粒料腿和一个设置在中心位置的入口组成。Stone & Webster 公司在提升管的末端设置了两个半圆形的空间，并在半圆形空间里设置了两根水平出气管道，在水平出气管道的对侧设置了气体的入口，气体入口的下边缘与出气导管的中心线之间的夹角 α 的最佳范围为 $30°\sim90°$，气体入口与出气导管中心线之间的夹角 θ 的最佳范围为 $0°\sim30°$，并在已经工业应用的装置中保持 α 的角度为 $90°$，θ 的角度为 $30°$。

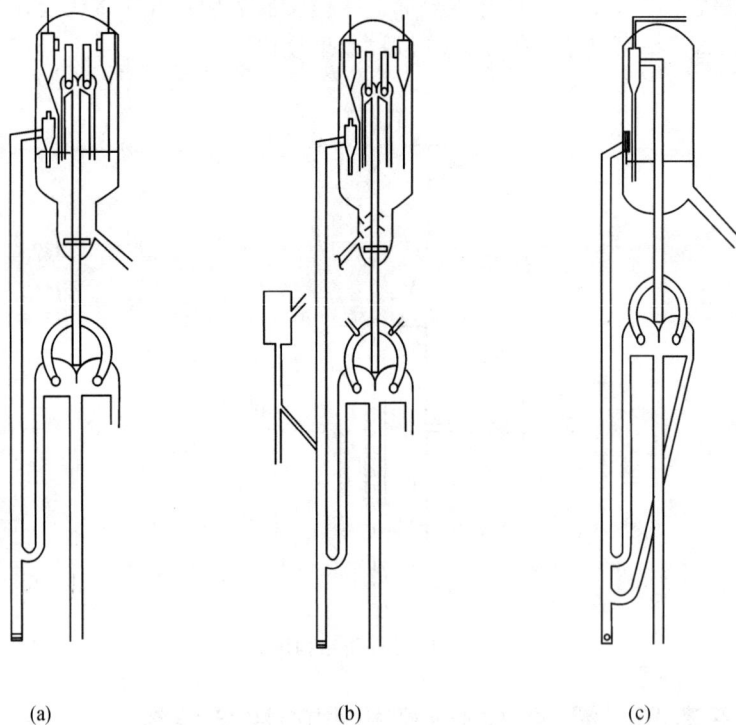

(a)   (b)   (c)

图 1.10 三种 Rams horn 工业装置应用结构示意图

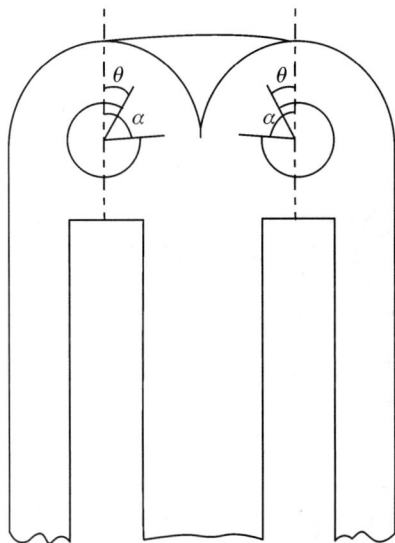

图 1.11 Rams horn 分离系统结构示意图

2. 中国石油大学(北京)的超短快分系统

由上述内容可知,国内外所使用的快分系统大多是基于离心分离机理或者惯性分离机理的。基于惯性分离的快分系统结构简单,在快分系统内气固两相的停留时间较短,但分离效率偏低,并且在整个沉降器内都会大量分布着反应后的油气,导致出现严重结焦的现象;基于离心分离的快分系统分离效率较高,但是快分系统内气固两相的停留时间又较长,虽然 CSC、VQS、FSC 的应用缩短了停留时间,但仍然高于 1.5 s,并未达到严格意义上的"快速分离"。中国石油大学(北京)在借鉴 Rams horn 快分系统的基础之上提出了超短快分(Short Residence Time Separator,SRTS)系统,如图 1.12 所示。SRTS 系统内的气固分离器外壳呈拱门型,两条窄缝的排气管开在外壳的中间。当气固分离器工作时,气固油气混合物就会从右侧的升气管进入分离器内部,固体会在自身惯性力的作用下沿着分离器的拱门型外壳进行运动,待做圆周运动 180°之后就会从另一侧料腿排出;而气体在做圆周运动过程中流经窄缝时发生偏转,并且从排气管排出,以此来达到气固分离的效果。在此基础上,刘显成等人[25]改进了分离器,将挡板安装在分离器内部,并测定了分离器的分离效率。结果显示,与有挡板的分离器相比,无挡板分离器的分离效率明显要高很多。原因在于,气固两相的离心分离作用在挡板的作用下受到了较大的影响,特别是全挡板型分离器的分离效率最差。通过实验研究之后,得出了优选的无挡板的分离器结构;而后又对带折边型分离器的结构进行深入研究,发现分离器的分离效率并未由于折边而提高,相反还降低了,原因在于颗粒由于折边的存在而更难进入分离器中,气体由于折边的存在而更难进入排气管(阻力增大)。另外,通过实验的方式得出:从第一条窄缝进入中心排气管的气量占到了43%,从第二条窄缝进入中心排气管的气量占到了57%,并且所占比例不会随入口气速的变化而变化[26]。

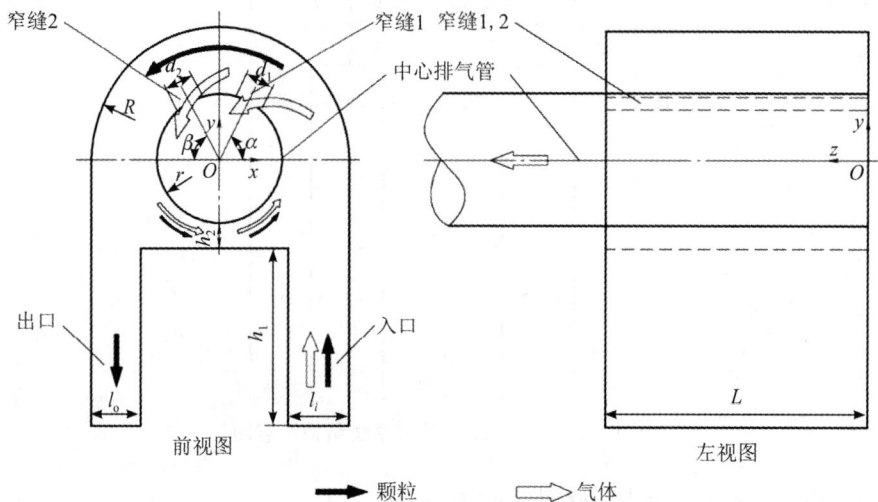

图 1.12 SRTS 系统结构示意图

刘显成等人[26-27]又利用 CFD 软件对基准型分离器的内部流场进行了模拟。基准型分离器静压云图如图 1.13 所示。

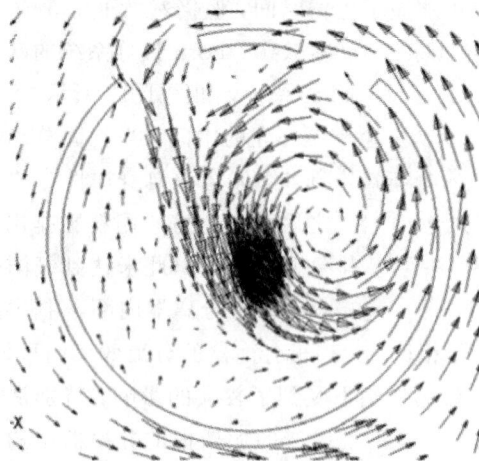

图 1.13 基准型分离器静压云图

由图可明显看出中心排气管的负压中心偏向于入口侧。鉴于此，刘显成等人认为：负压中心偏离排气管圆心是导致基准型分离器出现压降偏高的主要原因。而后张博峰等人[28]又开展了进一步的 CFD 模拟研究，得出的基准型分离器排气管内速度矢量图如图 1.14 所示。

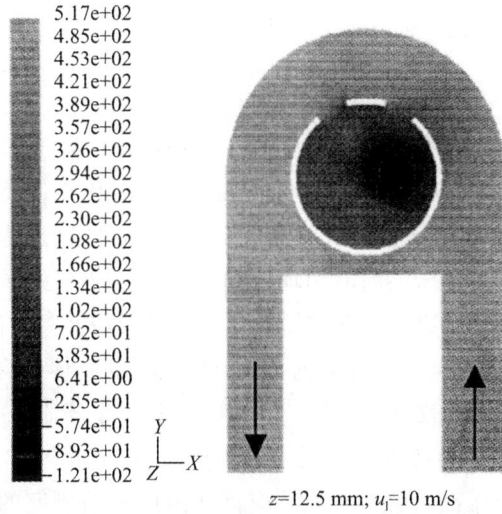

z=12.5 mm; u_i=10 m/s

图 1.14 基准型分离器排气管内速度矢量图

由图可看出有相当数量的气流出现在排气管的入口对侧，气流方向与旋流方向相反，这与刘显成等人[26-27]的研究结果相近，这充分说明旋流中心就是排气管的负压中心。旋转负压的存在会导致流体静压的提高，而流体静压的提高不利于气固分离，所以，务必要采取措施来将压力中心回归至排气管圆心。

为了能够既达到涡核稳定的效果，又将静压降低，刘显成等人[26]将基准型分离器的中心排气管沿排气管圆周均布开缝，缝宽为 3 mm，且开缝方向为逆气固流动的方向（如图 1.15 所示）。实验证明，这种周向均匀开缝的排气管结构的分离器压降不超过 1900 Pa，相比于基准型分离器 3237 Pa 的压降，降低了一半左右。

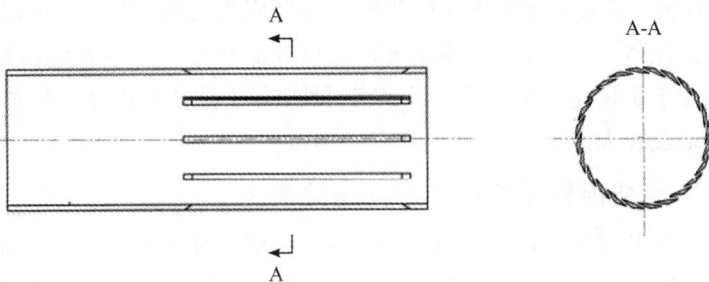

图 1.15 切向开缝中心排气管结构示意图

1.3 环流反应器

1.3.1 概述

环流反应器具有无运动部件、工程造价低、结构简单、易于工程放大等特点，适用于气-固、气-液-液、气-液-固、气-液反应中，在废水处理、化工、生物化学等领域得到了较为广泛的应用[27]。气体在环流反应器内不仅是反应物，而且也是能量携带者，在气相的推动力作用下，其余各相可实现床层内的循环流动。环流反应器实质上是将导流筒或折流板加在传统的鼓泡塔中，使之形成一种新型结构[28]。环流反应器具有传热效率更高、混合性能更好、环流速度更快等较多优点，与此同时，环流反应器的总体气含率较高，传质系数也更大。德国斯图加特大学 Blenke 教授等人在 1954 年首次提出了环流反应器的概念，并且开展了反应工程、流体力学等一系列的研究；而后，Popovic[29]、Chisti[30]、Bello[31] 等人系统地研究了环流反应器的传递特性与流动特性。环流反应器在国内开始研究的时间较晚，基本都是在 1985 年之后才开始进行系统性研究，但经过三十多年的发展已经取得了较大的进展。

1.3.2 环流反应器的分类

1. 基于驱动流体的加入方式来分类[32]

（1）气升式环流反应器：空气从反应器底部进入，由于降流区与升流区存在着不同的气含率，因此两个区域内的流体出现密度差，在密度差的作用下形成流体的环流运动。

（2）喷射式环流反应器：基于进料位置的不同，又可将喷射式环流反应器分为上喷式环流反应器和下喷式环流反应器。

（3）推进式环流反应器：将机械搅拌桨安装在导流筒的某一位置，通过机械搅拌桨的旋转运动能够形成流体的环流运动。推进式环流反应器适用于对高黏性物料进行处理，但是其最大的弊端在于机械搅拌桨很难确保其密封性，稍不注意，就会出现物料泄漏的现象，对于周边环境会造成较大的危害。

2. 基于反应器结构和物料流动形式来分类

基于反应器结构和物料流动形式来分类，环流反应器可分为分割式环流反应器、内循环环流反应器、外循环环流反应器三种类型，如图 1.16 所示。其中，外循环环流反应器的传热效果较好，但是结构较为复杂；分割式环流反应器能够灵活放大，但是耐压性较差；内循环环流反应器的耐压性较好，且结构简单。

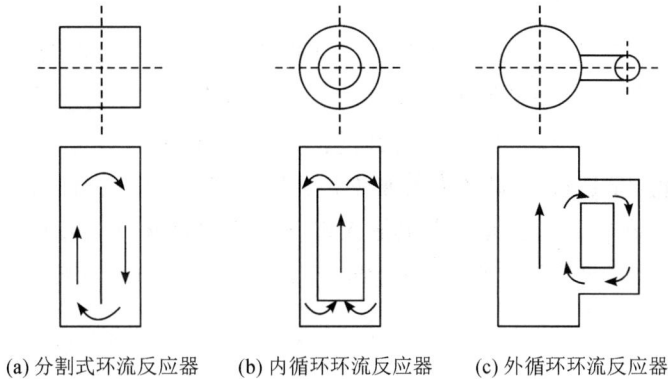

(a) 分割式环流反应器　(b) 内循环环流反应器　(c) 外循环环流反应器

图 1.16　环流反应器的结构类型

3. 基于反应器的结构来分类

基于反应器的结构来分类，环流反应器可分为多级环流反应器和单级环流反应器。与单级环流反应器相比，多级环流反应器的传质特性、流动特性都更好，如图 1.17 所示。

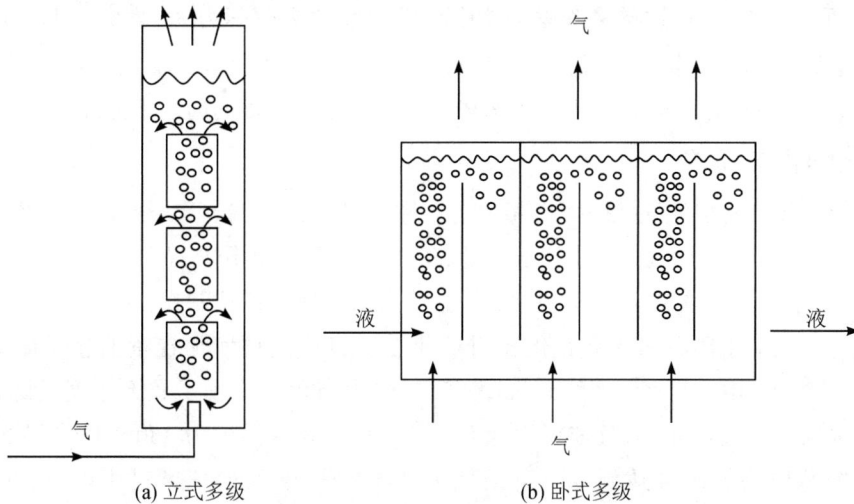

(a) 立式多级　　　　　　　　　　　(b) 卧式多级

图 1.17　多级环流反应器的结构类型

1.3.3　环流反应器的应用

1. 生物工程领域

在生物工程领域，环流反应器主要应用于工业废水处理、生物发酵和植物细胞培养等几个方面。环流反应器能够形成较为均一的液相剪切力，特别适宜植物细胞（包括唐松草、长春花、紫草细胞等）的代谢与生长。

日本三菱瓦斯化学公司在 1974 年开发了一种用于生产甲醇蛋白的气升式环流发酵器。英国帝国化学公司在 1978 年开发了一种外环流反应器来生产单细胞蛋白，该装置的高为 $60\sim100$ m，体积为 $1500\sim3000$ m³，可同时输入 1 MPa 以上的空气压力；为了提高氧传递效率和气泡再分散率，还将 19 块大孔筛板安装在反应器的导流筒内部。

沈雪亮等人[33]在谷氨酸发酵过程中加入了气升式内循环环流反应器，以此作为发酵器；加入气升式内环流反应器之后，能耗、生产周期大幅度降低，而糖酸产率与转化率却得以有效提高，发酵效果良好。

2. 环境保护领域

气升式环流反应器应用到废水处理过程中，可具有液固接触面积较大、污泥的生物再生量与再循环量较少、生物浓度较高、总除污速率较高等特点。Fan 等人[34]对厕所污水用气升式环流反应器进行处理，处理结果表明：色度的去除率为 80%，COD（Chemical Oxygen Demand，化学需氧量）的去除率为 90%，BOD5（Five Days of Biochemical Oxygen Demand，五日生化需氧量）的去除率为 99%，浑浊度的去除率为 99.7%，NH_4^+-N 的去除率为 95%。Kaustubha 等人[35]对含苯酚废水用多级气升式外循环环流反应器进行处理，处理结果表明：可较好地去除废水中的苯酚成分，且处理时间要远远少于传统处理方法。

3. 化学化工领域

湿法冶金属于典型的气-液-固三相反应，基本都是在高温、高压的环境下操作，且具有循环液速大、粒子密度大、固体粒子含量高等特点，所以选择高径比较大的环流反应器。同时，为了防止出现固体颗粒沉降现象，导流筒内的气速应该控制在 $0.6\sim1.0$ m/s[36]。

2004 年 8 月，中国石油抚顺石化公司石油三厂将环流技术加在重油悬浮床加氢装置（年产量为 5 万吨）中，工业生产结果表明：反应器内结焦量出现了较大程度的降低；在对克拉玛依常压渣油进行处理（反应压力为 $8\sim12$ MPa，反应温度为 $430\sim460$ ℃）之后，524 ℃以下的馏分收率最高可达到 95%，最低为 80%[37]。中国神华煤制油化工有限公司在 2007 年 12 月将原来串联的两个反应器中的强制循环泵反应器更换为环流反应器，并且开展了中试实验，中试实验结果表明：反应器的故障率明显减少，而操作弹性却提高很多[38]。

周明吴等人[39]在制备 2，3，5-三甲基苯醌、三氯氧磷中应用了环流反应器，效果较佳。Rotavera 等人[40]对正壬烷在喷射环流反应器中的氧化反应过程进行了研究，研究结果表明：与传统反应器相比，喷射环流反应器的尾气排出量更少，密封性更好，反应速度更快，氧利用率更高。

4. 高能化学领域

随着对环流反应器研究的深入，环流反应器已经被大量应用到高能化学领域，如声化学、光化学等。Merchuke 等人[41]对两种反应器（气升式环流反应器、鼓泡塔）中红微藻的生长情况进行了实验研究，实验结果表明：与鼓泡塔相比，红微藻在气升式环流反应器中生长所需气量最少。Degen 等人[42]开发了一种新型平板气升式光生物反应器，光利用率可利用间歇闪光来改进，在光流密度为 980 lm/m² 的情况下，通过这种平板气升式光生物反应器所培养得到的球藻菌产量明显要高于其他反应器；与同样体积的鼓泡塔相比，通过新型平板气升式光生物反应器所培养得到的球藻菌产量要大 1.7 倍。

1.3.4　气固环流反应器

1. 气固环流原理

国内外对于环流反应器的文献研究主要集中于气-液-固三相系统或气-液两相系统，鲜有研究气固环流原理的文献。气固环流原理的示意图如图 1.18 所示，导流筒将环流反应器分为两个环形区域，分别是外环区域和内环区域。将一定量的气体通入外环区域可让固相颗粒处于流化状态。外环的操作气速较低，密度相应较高，而内环的操作气速较高，密度相应较低，这样就会导致内环静压力与外环静压力出现较大的压力差；与此同时，进入内环区域的气体通常都会具有一定的动能，动能能够驱动外环颗粒向下运动，内环颗粒向上运动，进而在内、外环之间形成固体颗粒推动力。导流筒的存在，强化了传热过程与传质过程，气固间的接触面积也得以增大，内环气泡的剪切破碎作用还得到了较好的强化。通过对内、外环床层的表观气速进行有效的调整，能够实现合理调控颗粒环流速度的效果。

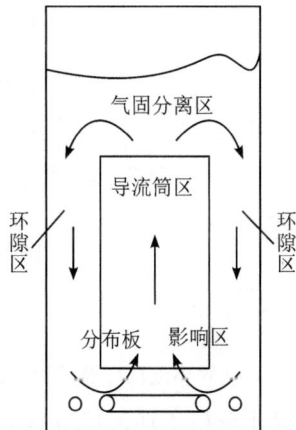

图 1.18　气固环流原理示意图

2. 气固环流反应器的研究进展

气固环流反应器在气固两相混合体中耦合、移植了气液环流理论，有机地结合了有限全混流与可控平推流，具有颗粒停留时间可控、颗粒流动有序、气固接触效率高效等特点，并且结构简单，传质性能与传热性能较佳。

气固环流反应器的结构如图 1.19 所示，其中，图(a)为中心气升式气固环流反应器，图(b)为环隙气升式气固环流反应器。将导流筒插入常规流化床中部，流化床被导流筒分为两个区域，分别是环隙区和导流筒区。导流筒区以上的密相床层为气固分离区，导流筒下沿与环隙分配器之间的区域为底部区域。分别将一个环隙分配器设置在环隙区的底部和导流筒区的底部，通过对通入的气体量进行控制，能够让环隙区、导流筒区的床层密度各不相同，并且还可在底部区域形成一个可推动颗粒循环流动的压力差。若通入环隙区的气体量小于通入导流筒区的气体量，则将此反应器称为中心气升式气固环流反应器，如图 1.19 (a)所示，颗粒在环隙区向下流动，在导流筒区向上流动；若通入环隙区的气体量大于通入导流筒区的气体量，则将此反应器称为环隙气升式气固环流反应器，如图 1.19(b)所示，颗粒在环隙区向上流动，在导流筒区向下流动。

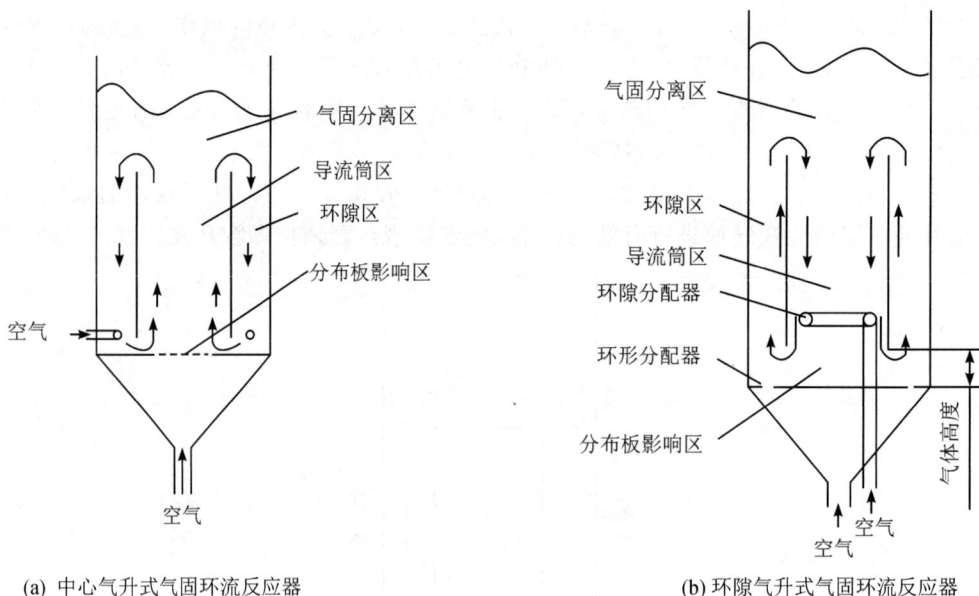

(a) 中心气升式气固环流反应器　　　　　　(b) 环隙气升式气固环流反应器

图 1.19　气固环流反应器结构示意图

许克家[43]在冷模实验装置上对比分析了环流反应器的结构，其所选的评价指标为环流阻力。实验结果表明，内、外环之间的床层高度、床层平均密度差与环流反应器的环流推动

力之间存在着正比关系，可用式(1.1)来表示反应器中颗粒的环流推动力，即

$$F_d = (\tilde{\rho}_0 - \tilde{\rho}_1) gh \tag{1.1}$$

式中：F_d 为颗粒的环流推动力，$\tilde{\rho}_0$ 为外环床层平均密度，$\tilde{\rho}_1$ 为内环床层平均密度，g 为重力加速度，h 为床层高度。

刘梦溪等人[44]研究了一种单段环隙气升式气固环流反应器内的流体力学特性，内环处于湍流床、鼓泡床的状态。研究结果表明：① 沿床层轴向分布方向，内环区域的固含率逐渐降低；② 沿床层径向分布方向，内环区域的固含率分布较为均匀；③ 随着表观气速的增加，内环区域的固含率逐渐降低；④ 随着表观气速的增加，内环区域轴向位置的颗粒速度呈现出明显的上升趋势。随后，刘梦溪等人[45]借鉴气液环流的理论，提出了气固多段环流，并深入研究了两段气固环流反应器的流体动力学行为和传质特性。研究结果表明：与单段环流反应器相比，两段环流反应器的汽提效率明显提高了很多。

Degen 等人[42]利用氧气示踪的方法开展了模拟冷态对比实验，将两段环流预汽提段的汽提效率与盘环形挡板汽提器、空筒汽提器的汽提效率进行了对比。对比结果表明：与盘环形挡板汽提器相比，两段环流预汽提段降低的可汽提焦炭量高达 48%；与空筒汽提器相比，两段环流预汽提段降低的可汽提焦炭量高达 82%。这些研究进一步验证了气固环流反应器的工业应用价值。严超宇[46]以气固环流为基本工作原理，利用脉冲磷光颗粒示踪法测试了固体颗粒在 $\Phi186$ mm 的烧焦管中的停留时间，并且对固体颗粒在烧焦管内的混合特性进行了研究。研究结果表明，停留时间完全符合高硫石油焦燃尽的要求。

刘显成等人[47]在一套大型有机玻璃两段环流实验装置（长为 7000 mm，内径为 600 mm）上测定了导流筒壁与床层间的传热特性。实验结果表明：影响传热的两大主要因素分别是颗粒环流速度与床层密度；导流筒区的表观气速与传热系数呈正比，而将环形区的表观气速适当提高，能够对导流筒壁与床层间的传热效果进行明显改善；与工业应用的外取热器相比，两段环流取热器的传热系数更高。

刘梦溪等人[48]通过研究高料位密相环流预汽提段内的颗粒速率分布情况得出结论：沿径向分布方向，外环颗粒速度的变化较小；而内环颗粒速度则表现为经典的环核结构。严超宇等人[49]基于颗粒动力学理论与双流体模型，利用 CFD 软件研究了气固环流反应器内的流体力学特性。研究结果表明，颗粒在反应器内表现为内循环流动。Shen 等人[50]研究了一套气固环流反应器（操作方式为间歇操作），对沿径向、轴向的时均速度分布情况以及颗粒的下行速度、上行速度进行了模拟研究，发现颗粒的返混现象在每个轴向截面上都会或多或少地出现。

1.4 气固两相流的数值模拟方法

1.4.1 概述

国内外学者已经开发出了大量的数值模拟方法，其中连续介质模型、直接数值模拟、粗粒化模型、颗粒轨道模型均为常用的数值模拟方法。

连续介质模型的描述方法选用 Euler-Euler 模型，连续介质包括颗粒、流体两大类；若采用特定的平均化数学处理方法，那么就可得到多相流的 N-S 方程组（即多相流的动量守恒与质量守恒方程）。连续介质模型在气固两相流中若仅仅只涉及一种颗粒、一种流体，那么可将其称为 TFM(Two-Fluid Model，双流体模型)；若涉及的颗粒与流体不止一种，那么可将其称为 MFM(Mufti-Fluid Model，多流体模型)。

流体相的控制方程为

$$\frac{\partial}{\partial t}(\varepsilon_g \rho_g) + \nabla \cdot (\varepsilon_g \rho_g v_g) = 0 \tag{1.2}$$

$$\frac{\partial}{\partial t}(\varepsilon_g \rho_g v_g) + \nabla \cdot (\varepsilon_g \rho_g v_g v_g) = -\varepsilon_g \nabla p_g + \nabla \cdot \tilde{\tau}_g + \beta_{gs}(v_s - v_g) + \varepsilon_g \rho_g g \tag{1.3}$$

颗粒相的控制方程为

$$\frac{\partial}{\partial t}(\varepsilon_s \rho_s) + \nabla \cdot (\varepsilon_s \rho_s v_s) = 0 \tag{1.4}$$

$$\frac{\partial}{\partial t}(\varepsilon_s \rho_s v_s) + \nabla \cdot (\varepsilon_s \rho_s v_s v_s) = -\varepsilon_s \nabla p_s - \nabla p_s + \nabla \cdot \tilde{\tau}_s + \beta_{gs}(v_g - v_s) + \varepsilon_s \rho_s g \tag{1.5}$$

式中：ε_g 为固含率；ρ_g 为空气密度，kg/m^3；v_g 为气体流速，m/s；p_g 为气相压力，MPa；$\tilde{\tau}_g$ 为气相应力；β_{gs} 为气固间曳力作用系数；v_s 为固体流速，m/s；g 为重力加速度，m/s^2；ε_s 为空隙率；ρ_s 为快分入口气固混合物密度，kg/m^3；p_s 为固相压力，MPa；$\tilde{\tau}_s$ 为固相应力。

由于假设颗粒相为连续介质，因此就需要将固相黏度、固相应力等一系列的概念都引入颗粒相的动量方程内。再假设颗粒流体完全遵循牛顿黏性定律，为了对这些项进行封闭，就产生了颗粒动理论。颗粒动理论借鉴分子动理论[51]推导出了固相的黏度模型。分子动理论将宏观流体与微观分子有机地连接在一起，利用统计力学定律与经典力学定律来对气体的宏观性质进行预测和解释。颗粒动理论对颗粒温度的概念进行了具体而明确的定义，颗粒温度 θ_s 用来对颗粒脉动速度 v'_s 的大小进行描述，并且定义为 $\theta_s = (v'^2_s)/3$，与此同时，颗粒温度的变量函数也采用固相黏度、固相应力来进行表示。虽然颗粒温度的概念来自气体的热力学温度，但二者之间也存在着明显的差异：气体分子的碰撞无能量耗散，基本都是弹性碰撞；而颗粒的运动则是由外力导致的，颗粒分子的碰撞存在着较大的能量耗散。由于颗粒温度的变量函数采用固相黏度、固相应力来进行表示，因此，为了求解该颗粒温度，务必要建立起额外的方程：

$$\frac{3}{2}\frac{\partial}{\partial t}(\varepsilon_s\rho_s\theta_s) + \frac{3}{2}\nabla.(\varepsilon_s\rho_s\theta_s\upsilon_s) = (-p_s\tilde{I}+\tilde{\tau}_s):\nabla\upsilon_s - \nabla.q_s - 3\beta_{gs}\theta_s - \gamma_s \quad (1.6)$$

式中，$(-p_s\tilde{I}+\tilde{\tau}_s):\nabla\upsilon_s$ 为剪切力产生的脉动能量，$\nabla.q_s$ 为脉动能量的扩散项，$3\beta_{gs}\theta_s$ 为气固作用力造成的能量变化，γ_s 为颗粒间非弹性碰撞造成的能量耗散。

通过对式(1.6)进行求解可得到颗粒温度，进而还可得出固相黏度、固相应力，最后完成整个方程组的求解。

由上述内容可知，双流体模型是气固两相流工业级运算的较佳方法，被广泛应用到对流化床内气固两相流的模拟工作中，尤其适用于固含量较稀的气固体系以及 Geldart-D 类颗粒和 Geldart-B 类颗粒。值得注意的是，双流体模型在 A 类颗粒体系中的应用效果并不尽如人意，从大量的数值模拟结果来看，A 类颗粒的气固流动特性很难通过传统的双流体模型予以复现[52]。

另一方面，绝大多数学者都以"构建气固相间作用"为研究重点，而鲜有研究非均匀结构对固相应力的影响。气固两相之间的相互耦合作用主要通过曳力项来进行封闭，但不能直接求出曳力项。20 世纪 90 年代之前，出现了 Syamlal & O'Brien 模型[52]、Ergun 公式[53]、Wen & Yu 公式[54]、Gibilaro 曳力关联式[55]等，但是随着后期计算机技术的迅猛发展，很多学者都利用数值模拟方法来获得更加准确的关联式。无论是利用数值模拟方法获得的关联式，还是利用数据回归方程获得的关联式，抑或者通过实验获得的关联式，基本都是假设颗粒在气固体系内的分布情况是均匀的，用均匀相来代替，并且对气固之间的相互作用均利用均匀曳力关联式予以描述。但是，对气固之间的相互作用利用均匀曳力关联式予以模拟所得的模拟结果必然会与实验存在着一定程度的误差。为了减小误差，相关学者研究出了多种亚网格模型，主要包括不同曳力系数修正的经验关联式、基于结构的修正方法、过滤型双流体模型、介尺度模型等。

1.4.2 不同曳力系数修正的经验关联式

Syamlal & O'Brien 曳力修正模型如下：

$$\beta = \frac{3}{4}C_d\frac{\varepsilon_s\varepsilon_g\rho_g|u_s-u_g|}{v_r^2d_p} \quad (1.7)$$

$$v_r = 0.5\left[a - 0.06Re + \sqrt{(0.06Re)^2 + 0.12Re(2b-a) + a^2}\right] \quad (1.8)$$

$$C_d = \left(0.63 + 4.8\sqrt{\frac{v_r}{Re}}\right)^2 \quad (1.9)$$

$$a = (1 - \varepsilon_s)^{4.14} \tag{1.10}$$

$$b = \begin{cases} 0.8(1 - \varepsilon_s)^{1.28}, & \varepsilon_s > 0.15 \\ (1 - \varepsilon_s)^{2.65}, & \varepsilon_s \leqslant 0.15 \end{cases} \tag{1.11}$$

$$c = d \cdot Re \cdot \varepsilon_s \exp\left[-0.005(Re - 5)^2 - 90(\varepsilon_g - 0.92)^2\right] \tag{1.12}$$

$$d = \begin{cases} 250, & G_s = 98 \text{ kg/(m}^2 \cdot \text{s)} \\ 150, & G_s = 147 \text{ kg/(m}^2 \cdot \text{s)} \end{cases} \tag{1.13}$$

$$Re = \frac{d_p \rho_g |u_s - u_g|}{\mu_g} \tag{1.14}$$

式中：β 为径向流动角，°；C_d 为单颗粒（气泡）曳力系数；ε_s 为空隙率；ε_g 为固含率；ρ_g 为空气密度，kg/m³；u_s 为喷出气速，m/s；u_g 为流入气速，m/s；v_r 为径向速度，m/s；d_p 为颗粒粒径，μm；a 为旋流头喷口长，mm；Re 为雷诺数；b 为旋流头喷口宽，mm；c 为入口颗粒浓度，kg/m³；d 为颗粒直径，μm；G_s 为颗粒循环速率，kg/(m² · s)；μ_g 为空气黏度，Pa · s。

Wang & Li 的曳力修正模型如下：

$$\beta = \frac{3}{4} C_d \frac{\varepsilon_s \varepsilon_g \rho_g |u_s - u_g|}{d_p} \times (0.023 \varepsilon_g^{-12.49}) \tag{1.15}$$

$$C_d = \begin{cases} 0.44, & Re > 10^3 \\ \dfrac{24}{Re}(1 + 0.15 Re^{0.687}), & Re \leqslant 10^3 \end{cases} \tag{1.16}$$

$$Re = \frac{\varepsilon_g d_p \rho_g |u_g - u_s|}{\mu_g} \tag{1.17}$$

Cruz 等人的曳力修正模型如下：

$$\beta = \frac{3}{4} C_d \frac{\varepsilon_s \varepsilon_g \rho_g |u_s - u_g|}{d_p} \times \varepsilon_g^{-2.65} \tag{1.18}$$

$$C_d = 16.9 + \varepsilon_s \left(\frac{2 \times 10^{-3}}{Re_{mix}} - 2.5 \times 10^6 Re_{mix} - 44.4\right) \tag{1.19}$$

$$Re_{mix} = \frac{d_p \rho_g |u_g - u_s|}{\mu_{mix}} \tag{1.20}$$

$$\mu_{mix} = 0.806 \left[0.47 + \varepsilon_s \left(19.3 - 3.7 \frac{|u_s - u_g|}{\mu_g}\right) - 31.2 \varepsilon_s^2\right] \tag{1.21}$$

Syamlal & O'Brien 曳力修正模型是在一定的操作条件下获得的，局限性较大[56]；而 Wang & Li 的曳力修正模型则是在考虑团聚物影响的基础上建立起来的，可对提升管内轴径向固含率分布予以准确而又合理的预测。Crue 等人[57]在对高通量流化床进行模拟时，发现通过修改混合黏度和曳力公式所得的模拟结果与实验结果基本吻合。但是从前面的公式可以看出，这些曳力经验关联式存在着较大的差异，假设操作条件是在快速流化床，那么 Cruz 等人的曳力修正模型要比 Syamlal & O'Brien 的曳力修正模型和 Wang & Li 的曳力修正模型高 5～6 个数量级。由此可见，不同曳力系数修正的经验关联式所适用的操作条件仅局限于特定工况，通用性较差，一旦操作条件出现了变化，就很难适用。

1.4.3　基于结构的修正方法

如何解决双流体模型本构关系的影响，以及如何将介尺度结构进行表征均是在对工业尺度提升管反应器进行数值模拟时遇到的主要难题。国内外已经有很多学者研究出了多种基于团聚物结构的模型。Arastoopour 等人[58] 发现：将模拟中的颗粒粒径适当调大一些，所得到的轴向颗粒浓度分布会更加合理。基于物理的角度来看，调大后的颗粒粒径可理解为团聚物粒径，因此，其模拟体系中体现的是团聚物与气体之间的相互作用，而不再是颗粒与气体之间的相互作用。而后，Gu 等人[59] 假设固含率与提升管内颗粒团聚物当量直径存在着动态变化的关系，并且在 CFD 模拟中应用了这个关系式。他们通过将实验结果和模拟结果进行对比，发现这个关系式具有较为合理的预测结果。但值得注意的是，目前国内外学术界认识团聚物特征尺寸的深度还不足，实际上有较多的因素会对团聚物的特征尺寸造成影响，例如团聚物的定义、流速、反应器结构、颗粒物性等。因此，团聚物的特征尺寸在不同体系下会有不同的变化趋势[60]。

1.4.4　过滤型双流体模型

过滤型双流体模型是建立在双流体模型方程和颗粒动理论基础之上的，它以计算所得的气固流场为前提，在高精度网格条件下以小尺度过滤计算结果，特别适用于粗糙网格。在分析同一物理问题时，将基于颗粒动力学理论的双流体模型用过滤型双流体模型进行替换，计算结果表明，与经典阻力模型相比，此计算模型的网格无关特性更佳，且与实验结果相近；将颗粒动力学模型与亚格子过滤阻力模型进行对比，计算结果表明，与经典阻力模型相比，无论在与实验结果的吻合程度上，还是在网格无关特性上，此计算模型都更佳[61-63]。此外，过滤型双流体模型的假设前提是"真实的物理结构可通过细网格的数值模拟来复现"，而国内外学术界对于这个假设至今依然存在着较大的争议。

1.4.5　介尺度模型

很早就有学者提出了基于唯象理论的两相模型来对气固流化床的流体流动进行描述，其提出时间远早于双流体模型。Davidson 等人[64] 在分析了鼓泡流化床的流动特点之后，为了描述气泡的运动，建立了气泡相-乳化相模型。Li 等人[65] 在 20 世纪 90 年代针对提升管内气固两相流动的非均匀现象，提出了 EMMS(Energy Minimization Multi-Scale，能量最小多尺度)理论,将复杂气固系统分为三相,分别是相间相、密相和稀相。

两相模型虽然很难获得气固流体流动的详细细节,但它提出了"非均匀结构",抓住了本质问题;而双流体模型虽然可以捕捉湍流等信息,但计算量超大,因此,气固两相流若仅依靠细网格双流体模型来进行模拟则很难实现。除过滤型双流体模型之外,提升管内非均匀气固两相流用"双流体模型+两相模型"的方法来描述较为实用。在 EMMS 理论的基础上,Yang 等人[66]为了考虑非均匀结构的影响,提出了有效曳力系数,可将其称为 CM+EMMS 方法,这种方法可有效预测轴径向的颗粒浓度分布;而后他们又对快速床内特有的"噎塞"现象用 CM+EMMS 方法进行了正确预测[67]。Jiradilok 等人[68]也认识到这种方法的合理性,采用 CM+EMMS 方法及颗粒动理论来进行模拟计算,计算所得的 FCC 固相黏度、固相压力、颗粒温度均与实验值相近。与此同时,还有一些学者在考虑非均匀结构的影响时采用了 EMMS 曳力模型,得出了传质系数[69]与分散系数[70]。值得注意的是,在 CM+EMMS 方法的应用中离不开一个因子——非均匀结构因子,而非均匀结构因子是在特定的颗粒物料和操作系统下通过 EMMS 曳力模型获得的,在不同体系下其值均是不同的。所以,若要将 CM+EMMS 方法应用到其他体系,务必要先计算其对应的非均匀结构因子[71]。

Yang 等人[67]所提出的 EMMS 曳力模型引入了颗粒加速度,并且假定密相空隙率恒定、密相颗粒与稀相颗粒的加速度相等。但实际情况并非如此,密相空隙率是变化的,密相颗粒与稀相颗粒的加速度也并不相等。针对这种情况,有学者[72]建立起了一种新型的 EMMS 曳力模型,这个曳力模型与滑移速度、局部空隙率均存在着关系。采用这种新型的 EMMS 曳力模型可合理预测到提升管内 Geldart-A、Geldart-B、Geldart-D 类颗粒的运动[73-75]。

在以往的 EMMS 曳力模型中,基本都是通过胶体体系的经验公式[76]来获得团聚物尺寸的。是否合理地预测到了团聚物尺寸,在很大程度上会影响到 EMMS 曳力预测的准确度。针对这个问题,Wang 等人[72]将稀、密相颗粒的加速度进行关联,并且引入了附加质量力来对动力学方程进行求解,最后得出对应的团聚物尺寸,这样就不用通过胶体体系的经验公式求解了;而他们所获得的团聚物尺寸与实验值相近。此外,采用这种方法来对提升管内 Geldart-A 类和 Geldart-B 类颗粒的分布情况进行数值模拟,模拟结果基本与实验结果吻合。

EMMS 理论可应用到全部非均匀结构体系。鼓泡床的气泡便属于非均匀结构,且测量气泡的方法较为简单。Shi 等人[77]用气泡来替换 EMMS 理论中的团聚物,通过数值模拟所获得的颗粒浓度分布情况与实验值接近。将鼓泡床与快速床进行对比,鼓泡床的颗粒属于连续相,而快速床的气体属于连续相,但可将其假设为由若干个"大气泡"组成的气体连续相。而后 Hong 等人[78-79]在快速流化床中应用基于气泡的 EMMS 曳力模型,应用结果表明,提升管内气固流动的非均匀结构特点可由这个曳力模型来获得。

Li 等人[80]和 Wang 等人[81]在 EMMS 理论的基础上，通过对气体流动参数与网格内的颗粒进行有效提取，构建出了网格内的动力学方程组，还计算得出了网格内的有效曳力系数，并且在双流体模型中予以了修正、验证。此外，EMMS 曳力模型还可应用到 DPM（Deformable Part-based Model，质子动力学模型）中。Li 等人[82]将多相粒子与 EMMS 曳力模型进行耦合，为了获得更加合理而科学的颗粒浓度分布及颗粒通量，他们对气固之间的曳力关联式予以了修正。Lu 等人[83]利用 EMMS 理论将气体与颗粒包之间的相互作用以及粗粒化 DPM 所需的固含率、颗粒包尺寸进行了封闭，在充分考虑介尺度结构影响的前提下使计算效率得以大幅度提高。EMMS 曳力模型既可耦合 CFD 软件，又可获得 EMMS 稳态方程，进而还可得出局部空隙率分布情况[84-88]。

1.5　本章小结

本章对国内外相关的文献进行了整理和研究，得出以下一些结论：

（1）虽然基于离心分离的快分系统已经成功地应用到了工业化生产过程中，并且应用效果较佳，特别是气固分离效率较高，但是仍然存在着一些问题，主要问题为：油气在快分头内需要旋转 3～5 圈之后才可离开，这样就会导致快分系统内部的油气停留时间仍然长达 1～2 s。而与基于离心分离的快分系统相比，基于惯性分离的快分系统虽然气固分离效率更低，但是快分系统内部的油气停留时间却更短，甚至可以达到低于 0.3 s。鉴于此，基于离心、惯性协同分离机理的快分系统得以出现，该系统兼具离心分离的高效和惯性分离的短停留时间的双重优势。

（2）国内外对于环流反应器的文献研究主要集中于气-液-固三相系统或气-液两相系统，鲜有研究气固环流原理的文献。气固环流反应器在气固两相混合体中耦合、移植了气液环流理论，有机地结合了有限全混流与可控平推流，具有颗粒停留时间可控、颗粒流动有序、气固接触效率高效等特点，并且结构简单，传质性能与传热性能较佳。

第 2 章

环流预汽提组合旋流快分系统的
实验装置及参数测量方法

2.1 实验装置与实验流程

2.1.1 实验装置

环流预汽提组合旋流快分系统的冷模实验装置如图 2.1 所示。装置的总高度约 19 m，

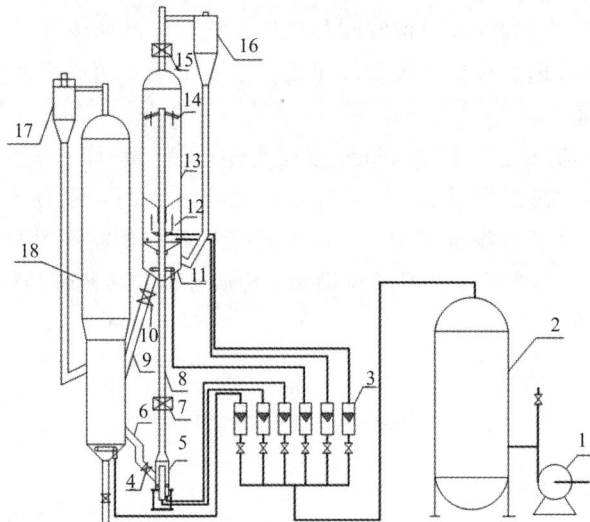

1—鼓风机；2—缓冲罐；3—空气流量计；4,10—蝶阀；5—预提升段；6—再生斜管；
7,15—固体流量计；8—提升管；9—斜管；11—汽提段；12—环流预汽提段；13—密封套；
14—SVQS 快分头；16,17—旋风分离器；18—再生器。

图 2.1 实验装置图

其中，提升管的高度为 13.7 m，沉降段的高度为 4.0 m，预汽提段的高度为 1.7 m，汽提段的高度为 1.3 m，再生器的高度为 11 m，再生器上部内径为 800 mm，再生器下部内径为 572 mm，汽提段内径、预汽提段内径、沉降段内径均为 572 mm，提升管内径为 100 mm，隔流筒的高度为 475 mm，隔流筒的直径为 380 mm。

SVQS 快分旋流头如图 2.2 所示，旋流头的旋流臂喷口尺寸为 88 mm×29 mm，旋流臂的数量为 3 个，研究中定义 S 为封闭罩的环形空间截面积与旋流头喷口总面积之比，即

$$S = \frac{\pi \times (572^2 - 108^2)}{4 \times 3 \times 88 \times 29} = 32.35$$

将 S 圆整为 32。为了便于观察，再生器下部、料腿、沉降段、汽提段、预汽提段等采用有机玻璃制造，其他部分均选用不锈钢材料制造。

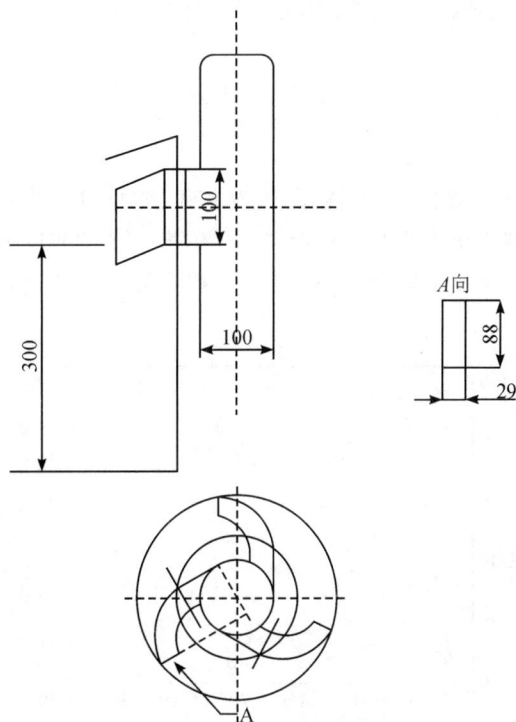

图 2.2　SVQS 快分头尺寸

2.1.2　实验流程

罗茨鼓风机 1 提供的压缩空气经缓冲罐 2 后，由转子流量计进行分配，分为六路进入实验装置。第一路气体作为再生器 18 的流化风进入再生器底部；第二路气体作为预提升段

5 的流化风进入预提升段底部；第三路气体作为提升管 8 的提升风进入提升管底部；第四路气体作为汽提段 11 的汽提气体；第五路气体进入环流预汽提段 12 的导流筒区底部；第六路气体进入环流预汽提段 12 的环隙区底部。

在整个实验过程中，再生器中的 FCC 颗粒通过再生斜管进入提升管预提升段中，在提升风的作用下，FCC 颗粒被提升至提升管末端，进入 SVQS 快分头进行气固分离，分离下来的 FCC 颗粒依次通过环流预汽提段和汽提段后返回再生器，未分离的少量 FCC 颗粒和气体进入顶旋继续进行气固分离，分离的 FCC 颗粒经料腿返回到汽提段，气体由顶旋出口排空，由此实现 FCC 颗粒在整个系统中的循环流动。

2. 2　实验介质及实验条件

2. 2. 1　实验介质

实验中的气体介质为压缩空气，固体介质为 FCC 平衡剂，颗粒密度约为 1450 kg/m³，平均粒径为 66.9 μm，堆积密度为 937 kg/m³。FCC 平衡剂的粒度分布如图 2.3 所示。由图可知，随着粒径的增大，粒度累积分布一直上升，粒度的微分分布先上升而后下降，粒径为 60 μm 时达到峰值点。

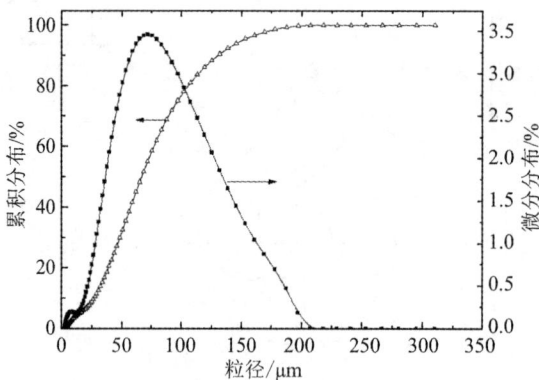

图 2.3　FCC 平衡剂的粒度分布图

2. 2. 2　实验条件

基于当前的实验条件和工业装置的实际情况，气相流场的实验条件如表 2.1 所示。

表 2.1　气相流场的实验条件

序号	喷出气速 $V_s/(m/s)$	导流筒气速 $u_{gd}/(m/s)$	环隙气速 $u_{gr}/(m/s)$	汽提气速 $u_d/(m/s)$
1	8	0	0	0
2	10	0	0	0
3	12	0	0	0
4	14	0	0	0
5	16	0	0	0
6	18	0	0	0
7	18	0.2	0	0
8	18	0.3	0	0
9	18	0.5	0	0
10	18	0.54	0	0
11	18	0.5	0.03	0
12	18	0.5	0.05	0
13	18	0.5	0.08	0
14	18	0.5	0.10	0
15	18	0.5	0.12	0
16	18	0.5	0.10	0.10
17	18	0.5	0.10	0.15
18	18	0.5	0.10	0.20
19	18	0.5	0.10	0.25
20	18	0.5	0.10	0.30
21	18	0.5	0.10	0.35

在快分效率和压降实验中，所采用的实验条件如表 2.2 所示。

表 2.2 快分效率和压降实验中的实验条件

序号	喷出气速 $V_s/(m/s)$	导流筒气速 $u_{gd}/(m/s)$	环隙气速 $u_{gr}/(m/s)$	汽提气速 $u_d/(m/s)$
1	8	0.5	0.10	0.10
2	10	0.5	0.10	0.10
3	12	0.5	0.10	0.10
4	14	0.5	0.10	0.10
5	16	0.5	0.10	0.10
6	18	0.5	0.10	0.10
7	8	0.5	0.10	0.15
8	8	0.5	0.10	0.20
9	8	0.5	0.10	0.25
10	12	0.5	0.10	0.15
11	12	0.5	0.10	0.2
12	12	0.5	0.10	0.25
13	16	0.5	0.10	0.15
14	16	0.5	0.10	0.2
15	16	0.5	0.10	0.25
16	18	0.5	0.10	0.15
17	18	0.5	0.10	0.2
18	18	0.5	0.10	0.25

2.3 参数测量方法

2.3.1 测点布置

实验中采用的测点布置如图 2.4 所示。在测量气相流场时，沿封闭罩轴向布置了截面 A 至截面 F 共 6 个测量截面，与旋流头喷口的轴向距离分别为 260 mm、0 mm、300 mm、1130 mm、2130 mm 和 3130 mm，其中截面 A 在旋流头喷口之上，截面 B 位于旋流头喷口位置处，其他截面在旋流头喷口以下。在截面 B 上布置了 8 个径向测点，其量纲半径 r/R 分别为 0.65、0.67、0.69、0.76、0.83、0.89、0.93、0.95，在其余 5 个截面上均布置了 12 个径向测点，其 r/R 分别为 0.25、0.32、0.38、0.45、0.52、0.59、0.65、0.72、0.79、0.86、0.92、0.95；在测量旋流头压降时，分别在其入口的提升管上和其出口的封闭罩上布置了 P1 和 P2 两个测点。

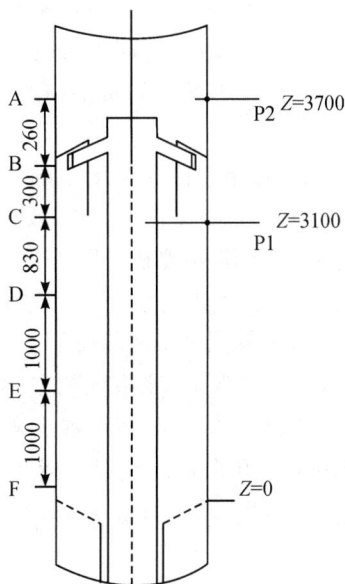

图 2.4　测点布置示意图(尺寸单位均为 mm)

2.3.2　气相流场的测量

实验中采用智能型五孔探针系统测量环流预汽提组合旋流快分系统封闭罩内的气相流场。智能型五孔探针测量系统的框图如图 2.5 所示。该系统主要由直流电源、稳压电源、计算机、五孔探针等多个部件组成[89]。该测量系统的主要特点为：

(1) 在零压力下，利用传感器来对智能型五孔探针测量系统的软件进行校零，并且对零点漂移进行有效补偿，进而提高测试精度。

(2) 为了提高系统的测量精度与抗干扰性，智能型五孔探针测量系统采用了复合数字

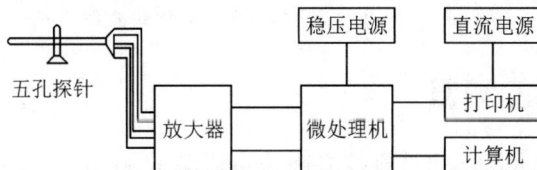

图 2.5　智能型五孔探针测量系统框图(尺寸单位均为 *mm*)

滤波技术。

（3）如果系统的最大有效测量角低于被测量的气流角度，那么系统就会自动报警，以此来提醒操作人员注意[90-92]。

智能型五孔探针测量系统有机融合了不对向测量与对向测量的优点，应用流体绕流球体的特性来对空间的流动参数进行测量。由于智能型五孔探针测量系统结构较为简单、易于测量，调试、安装较为便利，并且还能够精确测量轴向速度、切向速度，故多用于对压力场、三维平均速度等参数的测量[93]。

智能型五孔探针系统的测量原理如下：在内流场中的某一测点放置五孔探针，五个小孔的压力相对值可利用圆球绕流原理来获得，压力信号可通过压力传感器来获得；所测信号通过放大、滤波等处理之后就可输入微处理机，压力信号（模拟量）在微处理机中通过A/D转换就可变为数字信号；数字信号以串口为载体可直接输入到计算机中[94]。

本实验通过智能型五孔探针系统能够测试空间气流的速度、静压、径向流动角 $\beta(-35°\sim+35°)$、总压、轴向流动角 $\alpha(-35°\sim+35°)$。该系统的采集速度较快，可达到每秒采集 1 次。为了能够增强数据的可信度和精确性，可对多组数据采用统计学处理方法来处理，以获得最佳数据。在流场测量过程中，五孔探针需要用坐标架来支承。

2.3.3 床层压降的测量

压降是环流预汽提组合旋流快分系统保持操作稳定性的主要参数，可采用 Fxc-Ⅱ/32 型多点压力巡检仪测定。Fxc-Ⅱ/32 型多点压力巡检仪的工作原理如图 2.6 所示。该巡检仪具有自动化程度高、检测精度高、检测路数多、检测速度快等一系列特点[95-98]。

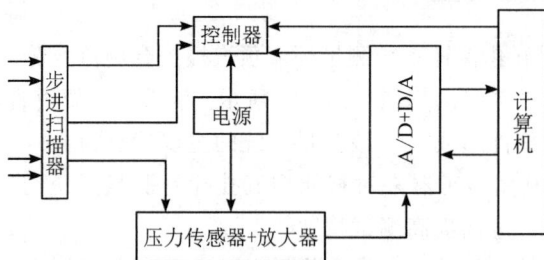

图 2.6 Fxc-Ⅱ/32 型多点压力巡检仪原理框图

2.3.4 分离效率的测量

实验中采用两台由武汉华德林科技有限公司研制的 HDLDG-06 型固体流量计分别测量进入顶旋的颗粒流量 G_{su} 和进入快分头的颗粒流量 G_{sd}，分离效率 η_f 采用式（2.1）计算，即

$$\eta_{\mathrm{f}} = \left(1 - \frac{G_{\mathrm{su}}}{G_{\mathrm{sd}}}\right) \times 100\% \tag{2.1}$$

HDLDG-06 型固体流量计是基于法拉第电磁感应定律来进行测量的。通电之后，HDLDG-06 型固体流量计测量管内将会产生大量的电磁场，电磁场的方向与测量管道轴线相垂直，当测量管道中有实验介质高速通过时，就会对磁感线进行切割，并且产生电动势 E。电动势 E 通过放大处理后就可将固体颗粒流量予以显示，同时还可输出用于调节、控制流量的模拟电流信号或脉冲信号等。为了能够提高测量结果的准确性，固体流量计的测量结果通过容积法进行标定[99]。容积法是指将蝶阀关闭之后，对再生器中 FCC 颗粒在单位时间内的下料高度进行测量，而后再将其换算成颗粒循环速率。根据标定结果，可获得根据 HDLDG-06 型固体流量计的测量值 G_{s1} 计算颗粒实际循环量 G_{s} 的校正关系式，即

$$G_{\mathrm{s}} = 0.57 G_{\mathrm{s1}} + 15 \tag{2.2}$$

通过计算，测量值 G_{s1} 与实际循环量 G_{s} 之间的平均相对偏差为 7.2%，属于可接受的范围。由此可见，本实验所采用的 HDLDG-06 型固体流量计能够准确、简便地测量颗粒循环量[100]。

2.3.5　颗粒密度与速度的测量

实验中采用 PV-6D 型颗粒密度-速度测定仪来测量不同位置的颗粒密度与速度。PV-6D 型颗粒密度-速度测定仪主要由 A/D 转换卡、光纤通道、光源、光纤探头等组成，以光纤探头为关键部件。光纤探头由两束间距为 2.07 mm、直径为 1 mm 的光纤组成，其中，一束为接收光纤，另外一束为传输光纤。其测量原理如图 2.7 所示。

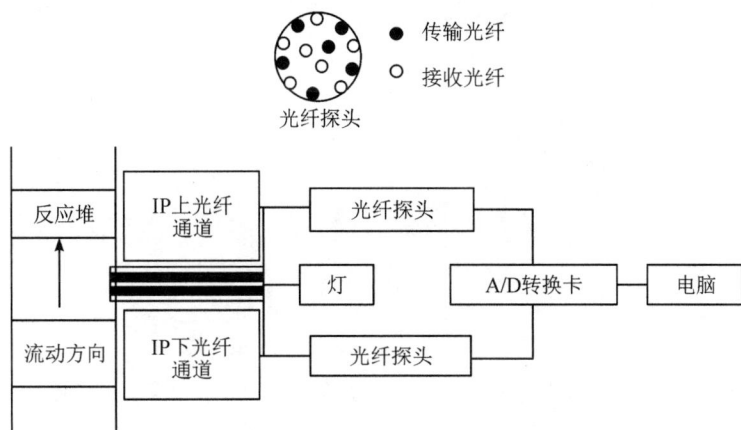

图 2.7　PV-6D 型颗粒密度-速度测定仪的测量原理

由于 PV-6D 型颗粒密度-速度测定仪只能测得与床层密度值相互对应的电压信号，而

不能直接测得床层密度，因此，可利用仪器标定的方法来进行参数转换。在标定过程中，所选择的床层截面务必要相对稳定，由上、下等距的两个测压值来计算该截面的平均床层密度 $\bar{\rho}$。沿截面径向位置分别选取 8 个测量点，每个测量点又选取 5 个样本值。获得的标定曲线为

$$\bar{\rho} = 63.8928e^{0.6021v} \tag{2.3}$$

式中，v 为颗粒的速度。

公式(2.3)的最大相对误差为 1.5%，由此可见，PV-6D 型颗粒密度-速度测定仪所得测量数据可靠。

2.4　本章小结

本章介绍了环流预汽提组合旋流快分系统的实验装置及方案、具体的实验测点布置，以及气相流场、床层压降、分离效率、颗粒密度与速度的测量方法，具体总结如下：

（1）实验中的气体介质为压缩空气，固体介质为 FCC 平衡剂，颗粒密度约为 1450 kg/m³，平均粒径为 66.9 μm，堆积密度为 937 kg/m³。

（2）采用智能型五孔探针系统测量环流预汽提组合旋流快分系统封闭罩内的气相流场；采用 Fxc-Ⅱ/32 型多点压力巡检仪测定床层压降；采用武汉华德林科技有限公司研制的 HDLDG-06 型固体流量计测定分离效率；采用 PV-6D 型颗粒密度-速度测定仪来测量不同位置的颗粒密度与速度。

第3章

环流预汽提组合旋流快分系统的实验研究

3.1 环流预汽提组合旋流快分系统的气相流场

3.1.1 喷出段的气相流场

喷出段是指旋流头喷口所在的截面 B 附近的空间，气体在旋流快分器内部形成高速的旋转运动，当其从快分头喷出之后，就会快速地沿着封闭罩内壁旋转向下运动，待达到封闭罩底部之后又会再次转折向上运动，进入引出段。

1. 切向速度

实验表明：切向速度与其他两个速度分量（即轴向速度和径向速度）相比数值最大，是使颗粒获得离心力的动力。含有固体颗粒的气体由旋流头喷口喷出后做旋转运动，固体颗粒在离心力的作用下从气流中分离出来向封闭罩边壁运动，同时在轴向速度的作用下进入下旋区。因而切向速度在气固分离过程中起主导作用，增加切向速度可以提高颗粒的离心力，对分离是有益的。在整个分离空间内，内、外旋流的分界点即最大切向速度点，内旋流为准强制涡。喷出气速 V_s 不同时喷出段和分离段截面的切向速度分布如图 3.1 所示，下面选取截面 B 来分析喷出段的气相流场。

由图 3.1 可知：截面 B 的最大切向速度值所在径向位置与封闭罩边壁较为接近，这表明喷出段外旋流区域范围较小。与此同时，随着测点距中心轴线的距离 r/R 的增大，切向速度也会增大；外旋流为准自由涡，随着测点距中心轴线的距离 r/R 的增大，切向速度反而会减小。由此可见，喷出段的内旋流区域较大，而外旋流区域较小。与此同时，内旋流区域的曲线斜率由外而内相对较大，说明切向速度在内旋流区域的衰减速度较快。

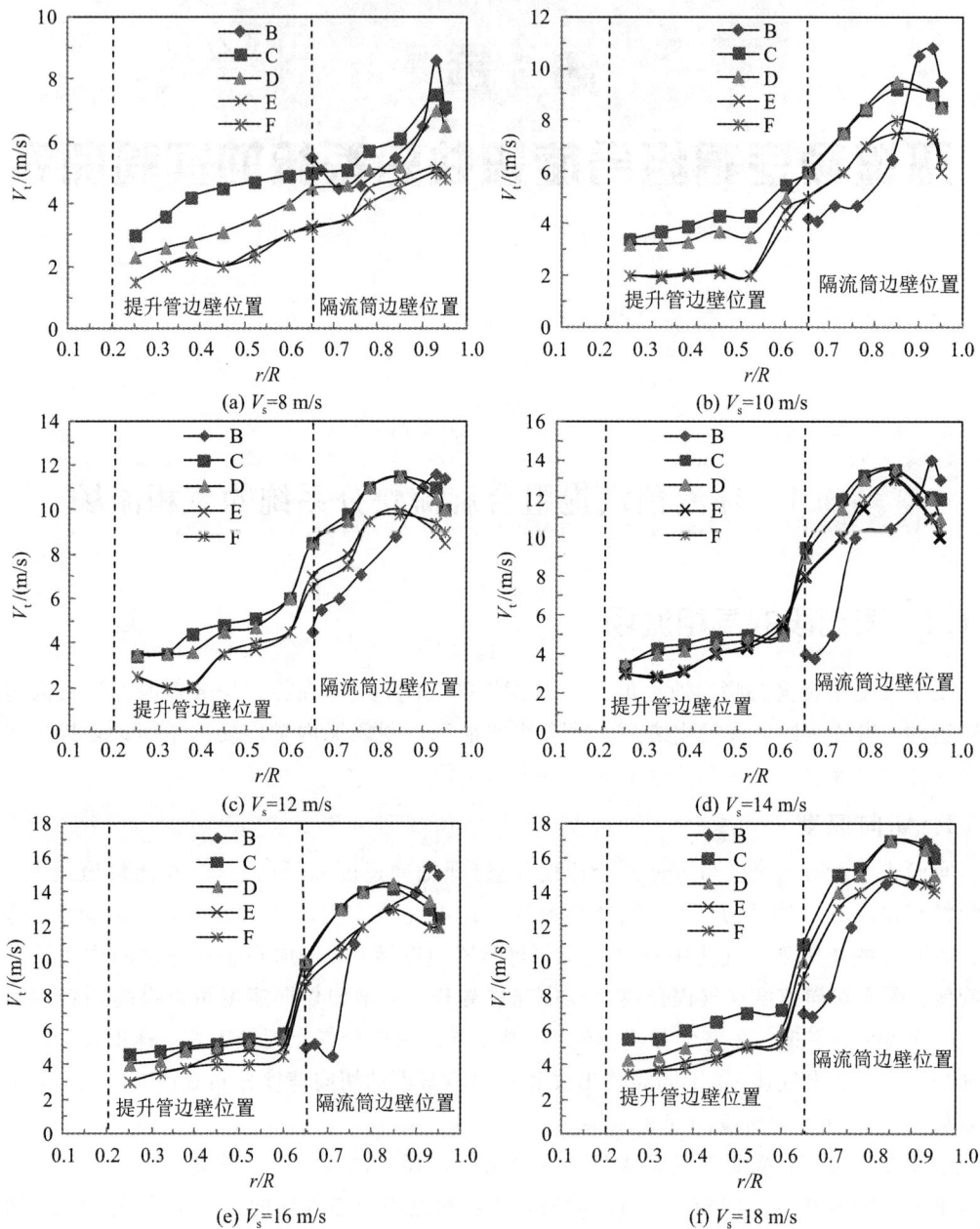

(a) $V_s=8$ m/s

(b) $V_s=10$ m/s

(c) $V_s=12$ m/s

(d) $V_s=14$ m/s

(e) $V_s=16$ m/s

(f) $V_s=18$ m/s

图 3.1 喷出气速 V_s 不同时喷出段和分离段截面的切向速度分布

2. 轴向速度

喷出气速 V_s 不同时喷出段和分离段截面的轴向速度分布如图 3.2 所示。

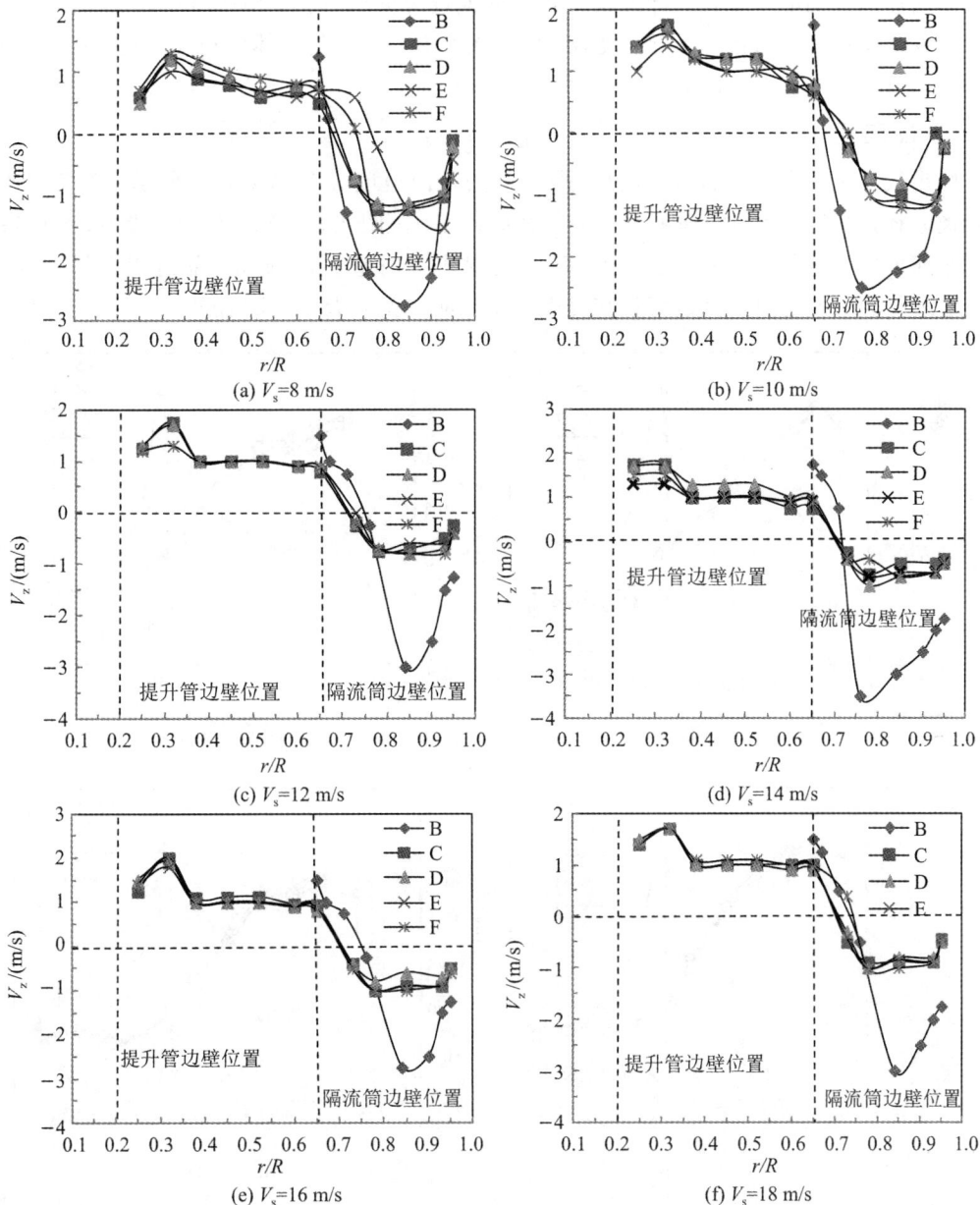

(a) V_s=8 m/s　　　　　　　(b) V_s=10 m/s

(c) V_s=12 m/s　　　　　　　(d) V_s=14 m/s

(e) V_s=16 m/s　　　　　　　(f) V_s=18 m/s

图 3.2　喷出气速 V_s 不同时喷出段和分离段截面的轴向速度分布

坐标轴的原点取在旋流头喷口中心平面与封闭罩中心轴线之间的交点处，沿封闭罩半径向外为正，沿封闭罩中心轴线向上为正。环流预汽提组合旋流快分系统内部的下行流是指负轴向速度方向的气流，上行流是指正轴向速度方向的气流。由图 3.2 可知：喷出段的轴向速度基本都是下行流，下行速度较大，这无疑有利于促使固体颗粒被分离且向下运动，对于气固分离是极为有利的。

3. 径向速度

喷出气速 V_s 不同时喷出段和分离段截面的径向速度分布如图 3.3 所示，正径向速度表示离心径向速度，负径向速度表示向心径向速度。由图 3.3 可知：在喷出段内，径向速度在三个速度中量级最小，主要由向心流（靠近封闭罩内壁）与离心流（靠近提升管边壁）组成。截面 B 向心流与离心流的流型转变点处于径向位置 $r/R=0.78$ 附近。

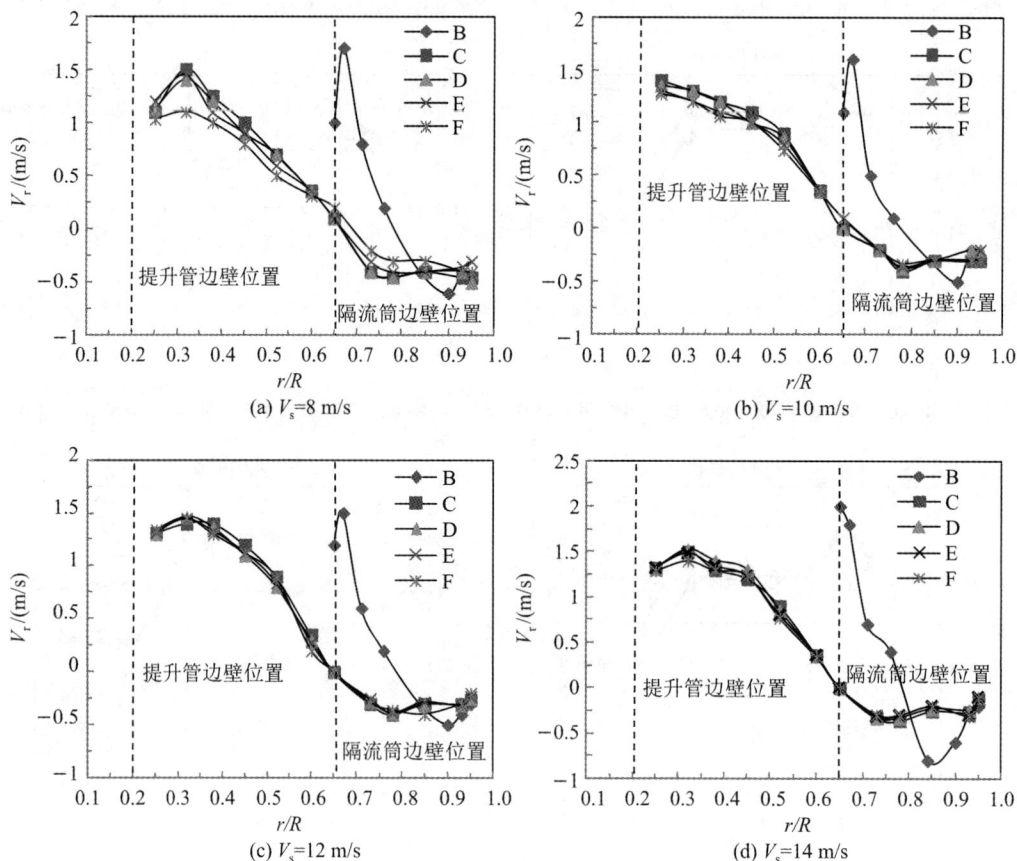

(a) V_s=8 m/s

(b) V_s=10 m/s

(c) V_s=12 m/s

(d) V_s=14 m/s

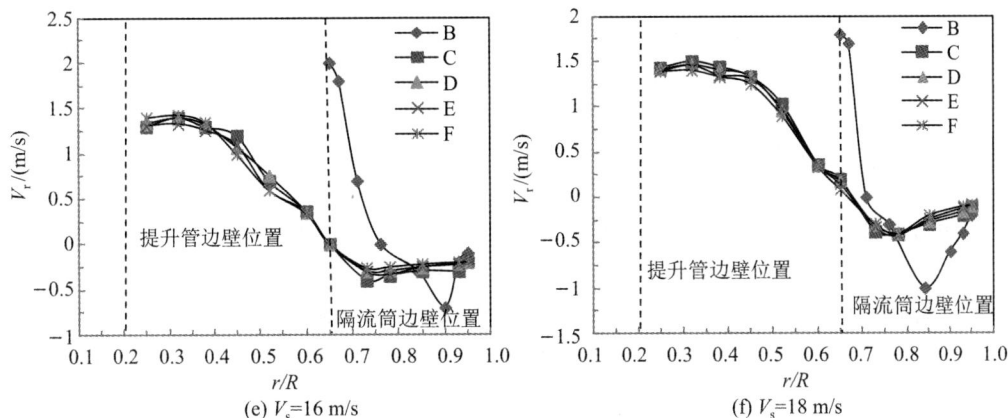

(e) $V_s=16$ m/s　　　　　　　　(f) $V_s=18$ m/s

图 3.3　喷出气速 V_s 不同时喷出段和分离段截面的径向速度分布

3.1.2　分离段的气相流场

分离段主要是指隔流筒下端面到锥筒之间的环形空间，分离段的气相流场是环流预汽提组合旋流快分系统气相流场的重要组成部分，因此，本书选取了分离段内的截面 C、截面 D、截面 E 和截面 F 四个轴向截面，以期能够全貌地反映出分离段内的气相流场情况。

1. 切向速度

由图 3.1 可知：① 分离段各截面的切向速度由喷出段沿轴向向下逐步减小，到截面 E 基本不变，截面 E、截面 F 的切向速度分布图基本完全相同。② 基于切向速度的变化值来看，当喷出气速为 18 m/s 时，截面 C 的最大切向速度是截面 B 最大切向速度的 94.23%，截面 D 的最大切向速度是截面 B 最大切向速度的 91.45%，截面 E 的最大切向速度是截面 B 最大切向速度的 78.86%，截面 F 的最大切向速度是截面 B 最大切向速度的 75.24%，由此可见，旋流强度在很大程度上会受到轴向高度的影响。为了能够更加有效地对气固两相进行高效分离，就需要找到有效分离高度的最优值，以便用于指导工业设计。

2. 轴向速度

由图 3.2 可知：轴向速度在分离段内依然可分为上行流（靠近提升管边壁）和下行流（靠近封闭罩内壁）两个区域。从截面 C 到截面 F，随着轴向高度不断下降，上、下行流的分界点逐渐外移，即下行流区域减少，上行流区域增大。

3. 径向速度

由图 3.3 可知：① 在分离段内，径向速度在三个速度中量级依然最小，也主要由向心流（靠近封闭罩内壁）与离心流（靠近提升管边壁）组成。与截面 B 不同的是，截面 C、D、E、

F 向心流与离心流的流型转变点都向内移动,基本都集中于隔流筒所在径向位置上。② 截面 C、D、E、F 径向速度的径向分布曲线形态基本类似,由此可见,环流预汽提组合旋流快分系统的内部流场具有较佳的相似性和对称性。

3.1.3 引出段的气相流场

引出段是指旋流头上部截面 A 附近的区域。引出段截面 A 的三维速度分布曲线如图 3.4 所示,由图可知:① 随着测点距中心轴线的距离 r/R 的增大,截面 A 的切向速度先逐步增大,而后保持平稳。② 在无量纲径向位置为 0.58 处,轴向速度由上行流转变为下行流;在无量纲径向位置为 0.82 处,轴向速度再由下行流转变为上行流,由此可见,引出段较易形成旋涡,因此,轴向速度的流动方向会出现多次转变。③ 引出段径向速度均为向心

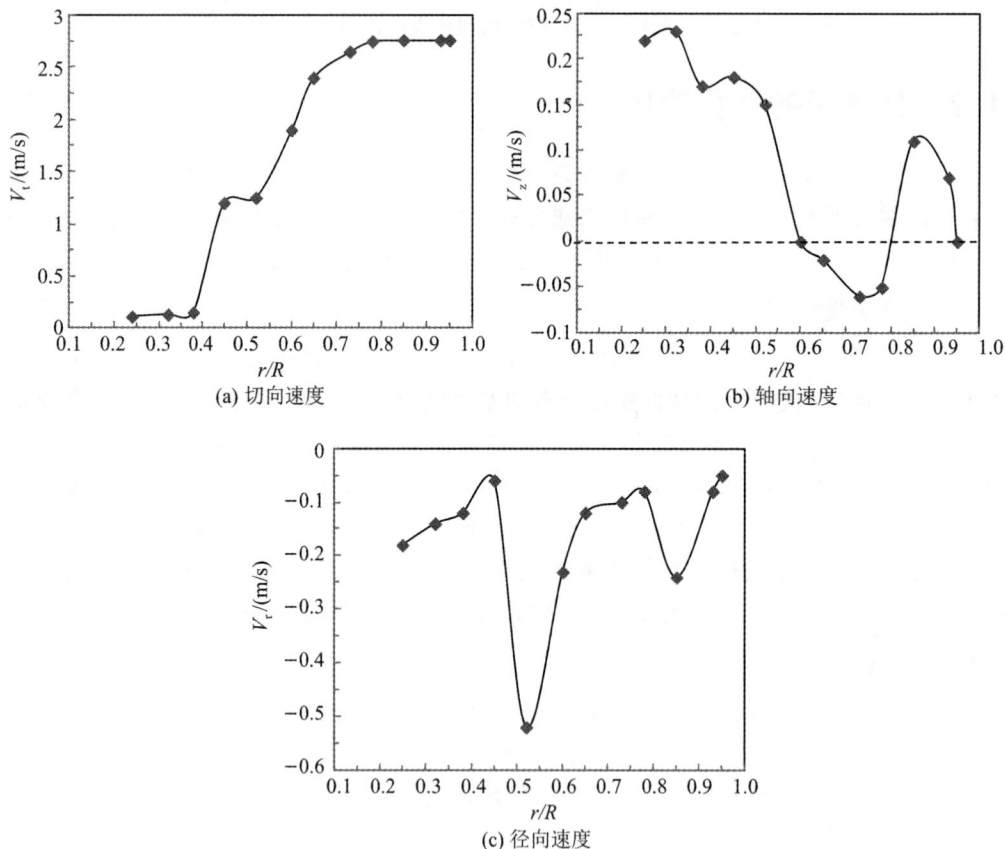

(a) 切向速度   (b) 轴向速度

(c) 径向速度

图 3.4 引出段截面 A 的三维速度分布曲线($V_s = 8$ m/s)

流，随着测点距中心轴线的距离 r/R 的增大，径向速度出现两个极值点，这也表明引出段较易形成旋涡。此外，两个极值点所处的无量纲径向位置正好是轴向速度流动方向的转变点，这说明确实有旋涡出现在引出段。旋涡的存在既会消耗一定量的能量，又会对快分头压降测试的准确度造成较大影响，导致出现测试结果偏大的问题。

3.2　操作条件对气相流场的影响

3.2.1　喷出气速对气相流场的影响

1. 喷出气速对喷出段气相流场的影响

喷出气速对喷出段气相流场的影响如图 3.5 所示，由图可知：① 截面 B 的切向速度值随着喷出气速的增加而增加，这对于提高环流预汽提组合旋流快分系统的分离效率是较佳的，且切向速度分布曲线形态基本类似，可见环流预汽提组合旋流快分系统的内部流场具有较佳的相似性。② 在不同的喷出气速下，截面 B 的轴向速度分布曲线基本重合，且基本都是下行流，下行速度较大，这无疑有利于促使固体颗粒被分离且向下运动，对于气固分离是极为有利的。③ 在不同的喷出气速下，截面 B 的径向速度分布曲线形态基本类似，由此可见，环流预汽提组合旋流快分系统的内部流场具有较佳的相似性和对称性。但是，向心流与离心流的流型转变点随着喷出气速的增加略有左移，且"离心流"区域随着喷出气速的增大而增大，这有利于在边壁区域富集更多的固体颗粒。

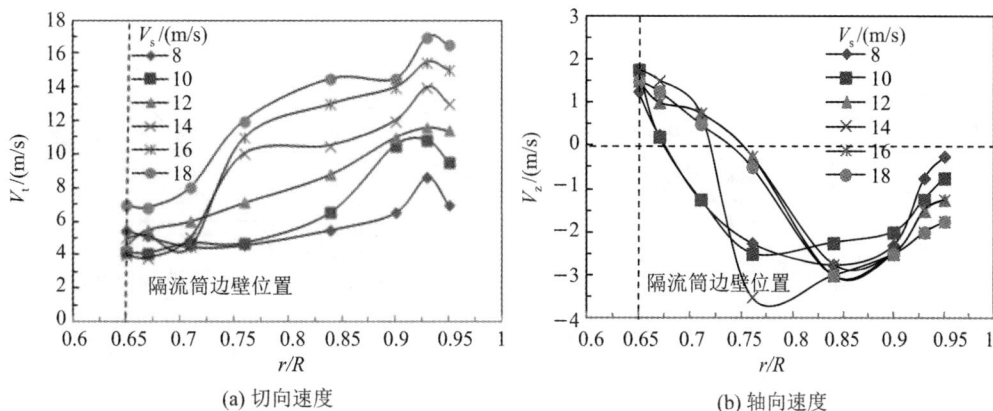

(a) 切向速度　　　　　　　　(b) 轴向速度

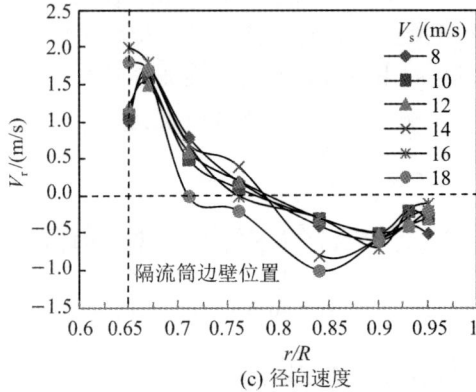

(c) 径向速度

图 3.5　喷出气速对喷出段气相流场的影响

2. 喷出气速对分离段气相流场的影响

　　喷出气速对分离段气相切向速度分布的影响如图 3.6 所示，由图可知：① 在分离段的内旋流区，随着无量纲径向位置的增加，切向速度值也会随之增大；在分离段的外旋流区，随着无量纲径向位置的增加，切向速度值则随之减小；切向速度的最大值出现在内外旋流区的交界处。② 分离段气相切向速度随着喷出气速的增加而增加，但切向速度分布曲线的形态基本类似，由此可见，环流预汽提组合旋流快分系统的内部流场具有较佳的相似性。③ 随着喷出气速的增加，各截面靠近封闭罩内壁一侧的外旋流区略有扩大，这无疑能够有效促进分离效率的提高。

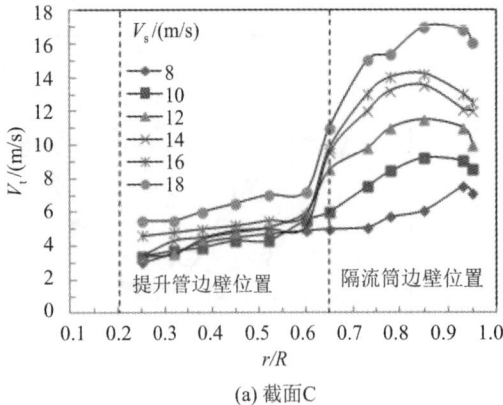

(a) 截面C

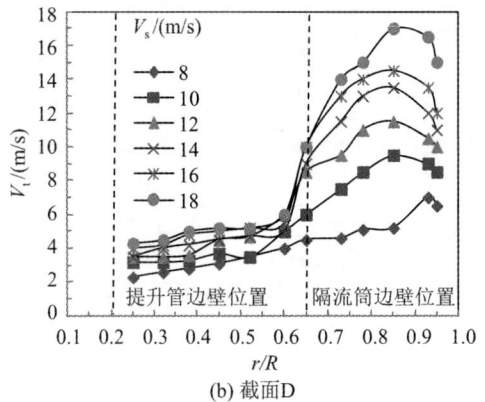

(b) 截面D

(c) 截面E　　　　　　　　　　　　(d) 截面F

图 3.6　喷出气速对分离段气相切向速度分布的影响

喷出气速对分离段气相轴向速度分布的影响如图 3.7 所示,由图可知:气体从旋流头喷口喷出之后,沿着封闭罩内壁下行流动到分离段,形成下行流,但是在达到某个径向位

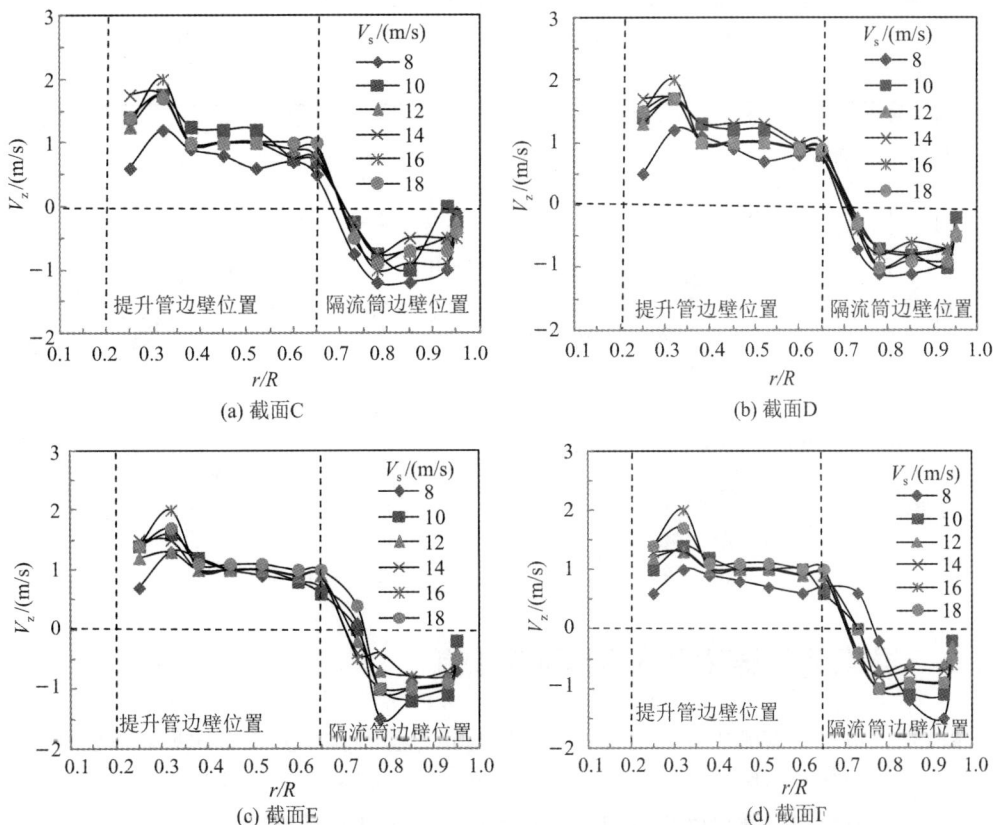

(a) 截面C　　　　　　　　　　　　(b) 截面D

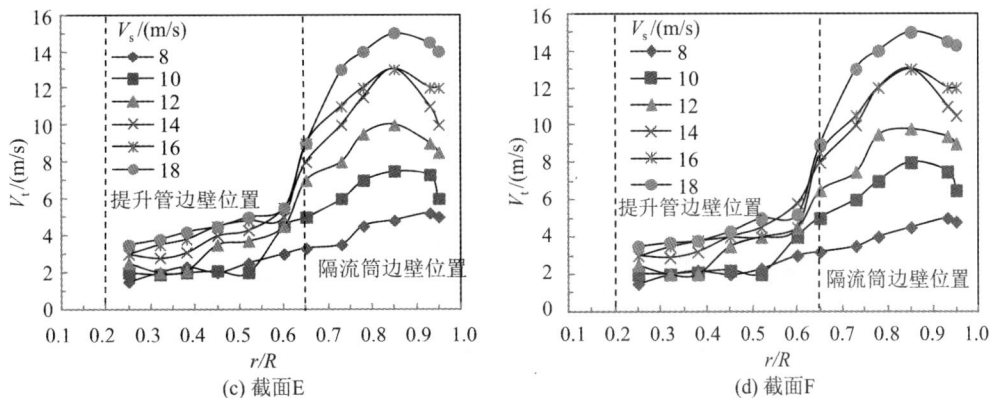

(c) 截面E　　　　　　　　　　　　(d) 截面F

图 3.7　喷出气速对分离段气相轴向速度分布的影响

置之后就会转变流动方向,形成上行流。上下行流的分界点在不同喷出气速下基本处于重合状态。

喷出气速对分离段气相径向速度分布的影响如图 3.8 所示,由图可知:不同喷出气速时各截面的径向速度分布曲线形态基本类似,变化较小。

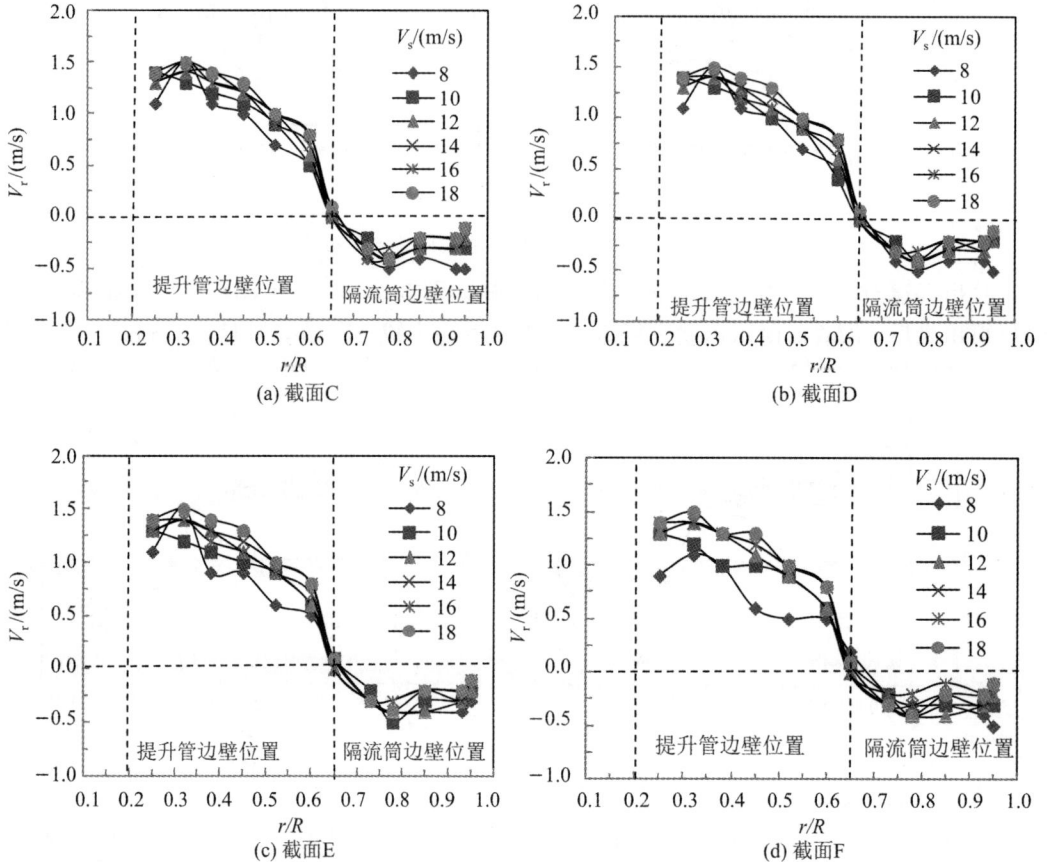

图 3.8 喷出气速对分离段气相径向速度分布的影响

3.2.2 导流筒气速对气相流场的影响

环流预汽提组合旋流快分系统的汽提气体与预汽提气体主要来自两处,一处是来自于环流预汽提段的导流筒区气体与环隙区气体,另外一处则来自底部的汽提气体。这两处气体在向上流动时会与由喷口喷出且向下做旋流运动的气体在锥筒处相互汇合,而后再一起从气相出口处流出。由于绝大多数汽提气体都是从隔流筒内部流过，因此，基本不会影响到喷出段气相流场。所以，下面主要针对导流筒气速对分离段气相流场的影响进行探讨。

在旋流头喷口的喷出气速为 18 m/s 的条件下，导流筒气速 u_{gd} 分别选 0 m/s、0.2 m/s、0.3 m/s、0.4 m/s、0.5 m/s、0.54 m/s 六档，导流筒气速对分离段气相流场分布的影响如图 3.9～图 3.11 所示。

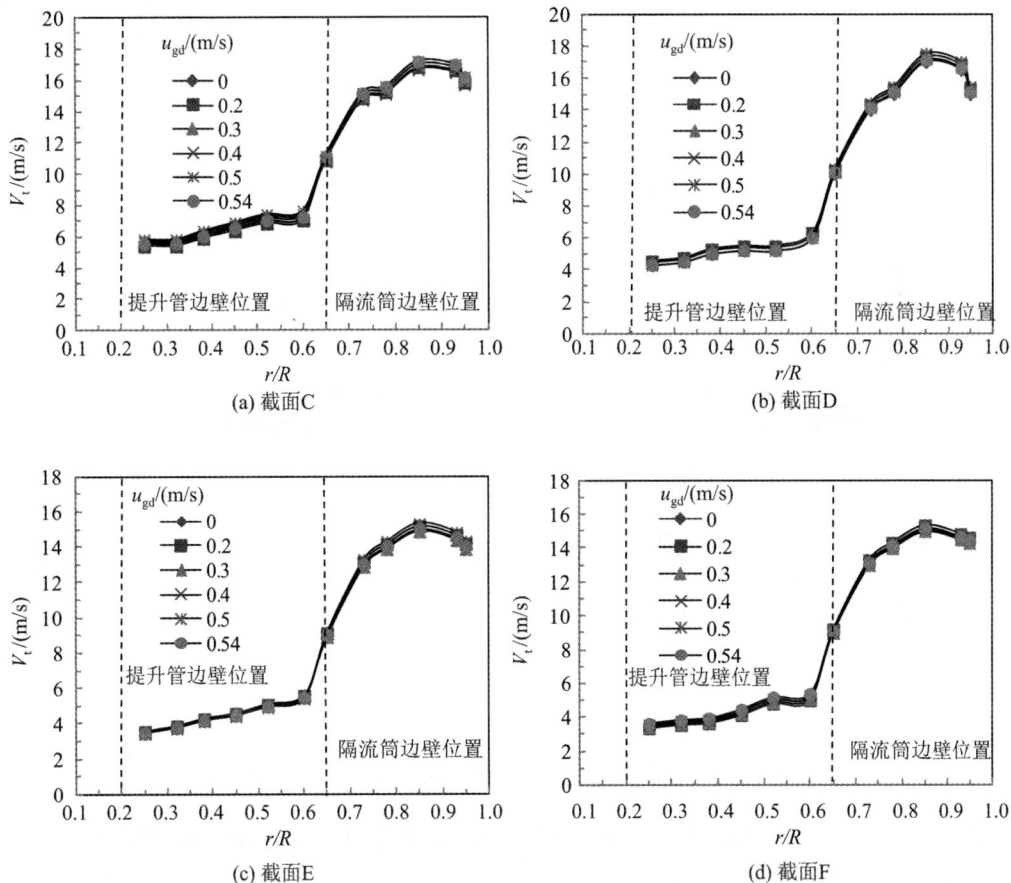

图 3.9　导流筒气速对分离段气相切向速度分布的影响

由图 3.9 可知，无论导流筒气速取值为多少，分离段内各截面的切向速度变化曲线基本处于重合状态。由此可见，导流筒气速基本不会对分离段气相切向速度造成影响。

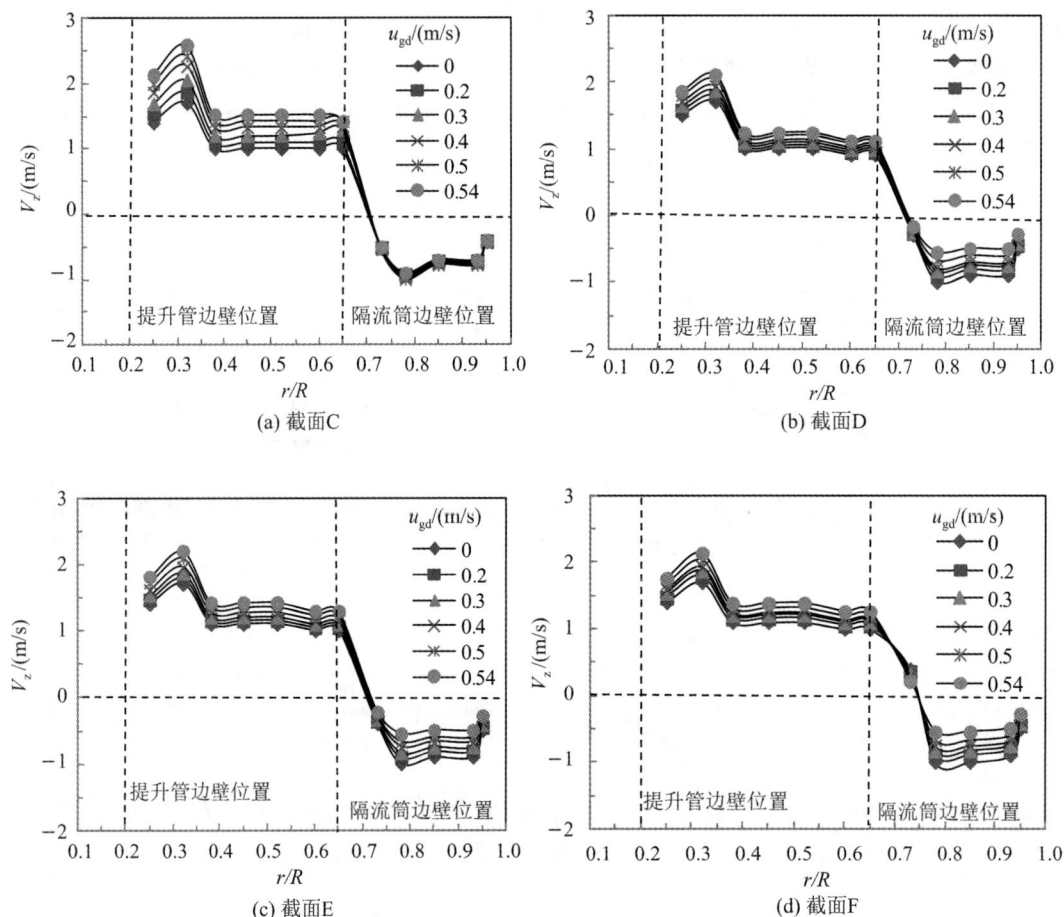

图 3.10　导流筒气速对分离段气相轴向速度分布的影响

　　由图 3.10 可知，分离段内各截面的上行流轴向速度均会随着导流筒气速的增加而增加，但轴向速度分布曲线的形态基本类似，上行流轴向速度的增加会有利于迅速引出油气，进而有效减少沉降器内油气的停留时间，这对于工业应用是较为有利的。与此同时，内环气体对分离段轴向速度造成的影响还与轴向高度有关，截面 D、截面 E、截面 F 的轴向下行速度会随着导流筒气速的增加而减小，但是截面 C 的轴向下行速度并不会随着导流筒气速的增加而变化，基本处于不变的状态。

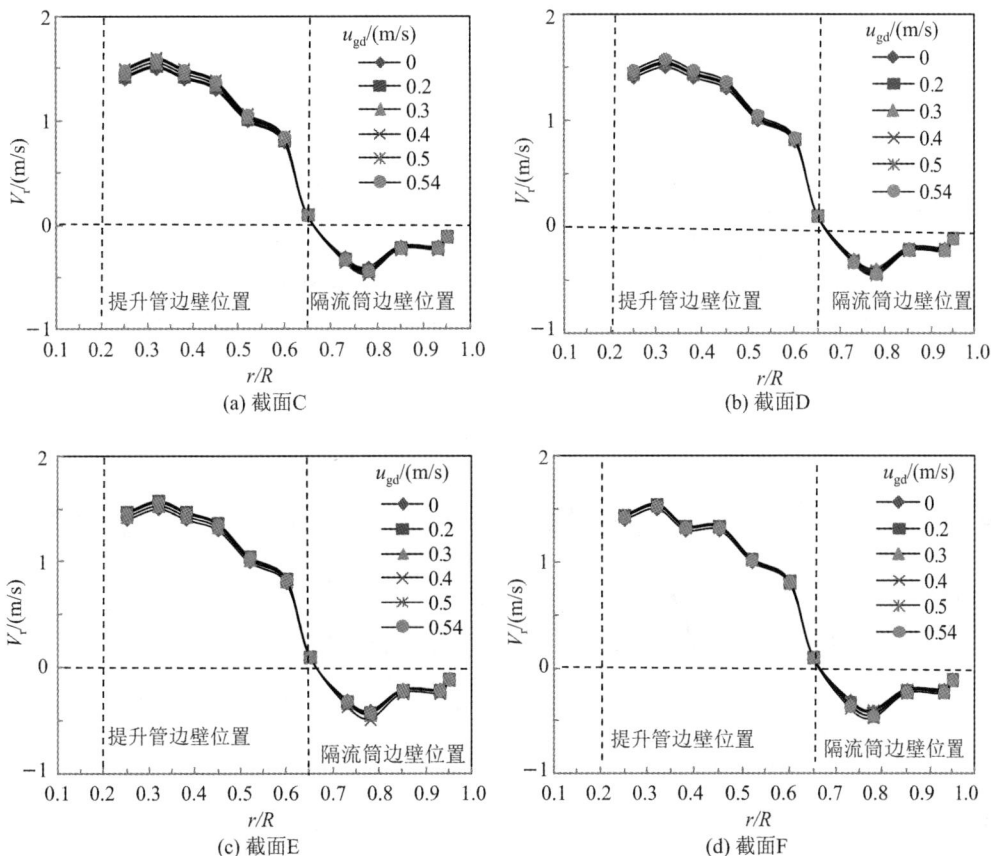

图 3.11　导流筒气速对分离段气相径向速度分布的影响

由图 3.11 可知，无论导流筒气速取值为多少，分离段内各截面的径向速度变化曲线基本处于重合状态。由此可见，导流筒气速基本不会对分离段气相径向速度造成影响。

3.2.3　环隙气速对气相流场的影响

在旋流头喷口的喷出气速为 18 m/s 的条件下，导流筒气速 u_{gd} 为 0.5 m/s，环隙气速 u_{gr} 分别选 0 m/s、0.03 m/s、0.05 m/s、0.08 m/s、0.1 m/s、0.12 m/s 六档，环隙气速对分离段气相流场分布的影响如图 3.12～图 3.14 所示。由图可知，无论环隙气速取值为多少，分离段内各截面的切向速度、轴向速度、径向速度的变化曲线基本处于重合状态。由此可见，环隙气速基本不会对分离段气相流场造成影响。主要原因在于：环流预汽提段为中心气升式气固环流反应器，只有导流筒速明显大于环隙气速之后，才能够开启中心气升式气固环流反应器。因此，导流筒气速起着主导作用，而环隙气速较小，变化幅度也不大，难以引起分离段气相流场的较大变化。

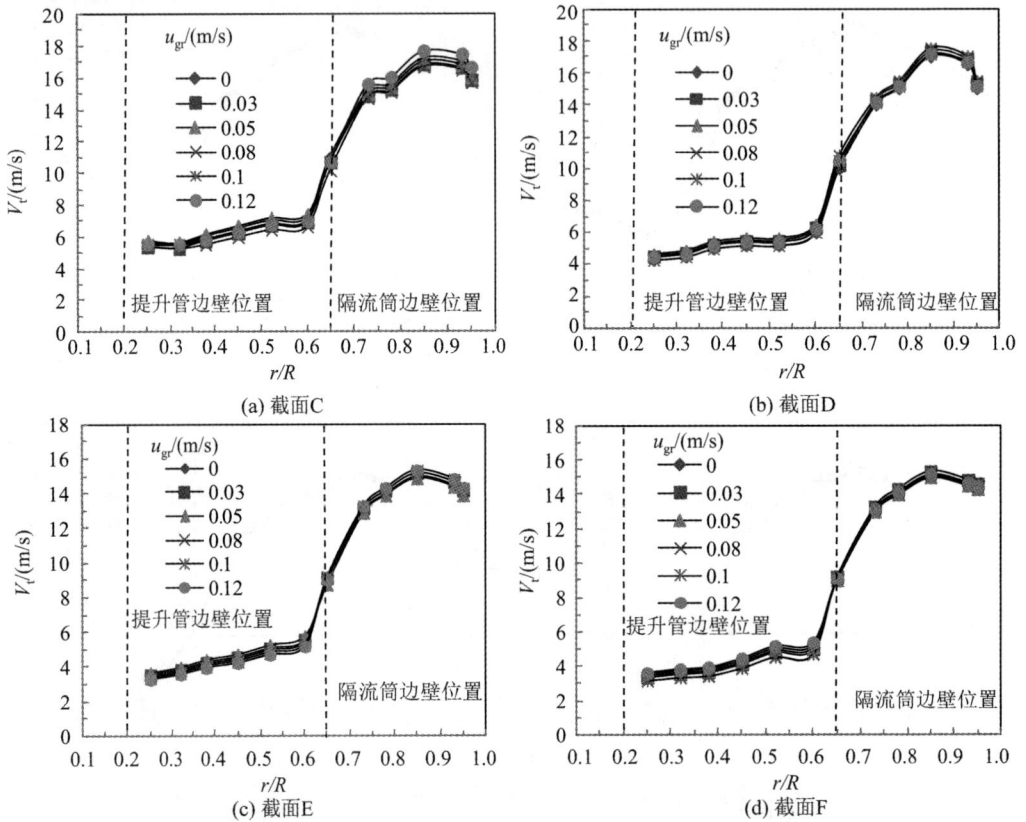

(a) 截面C

(b) 截面D

(c) 截面E

(d) 截面F

图 3.12 环隙气速对分离段气相切向速度分布的影响

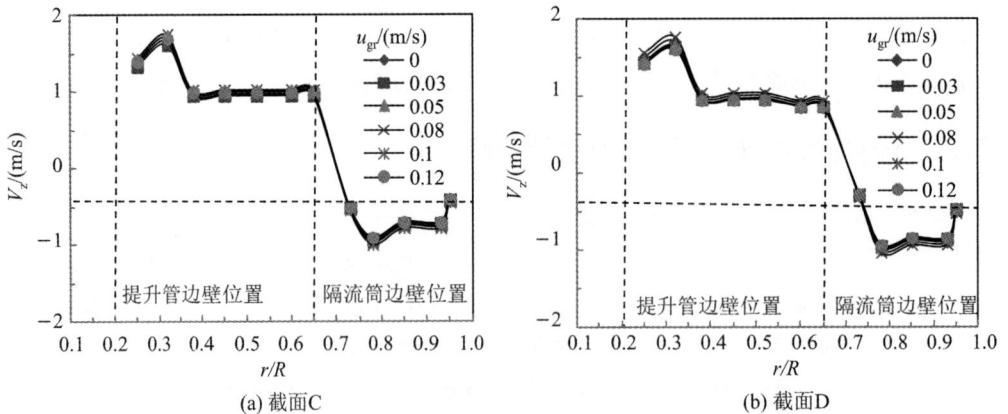

(a) 截面C

(b) 截面D

(c) 截面E

(d) 截面F

图 3.13　环隙气速对分离段气相轴向速度分布的影响

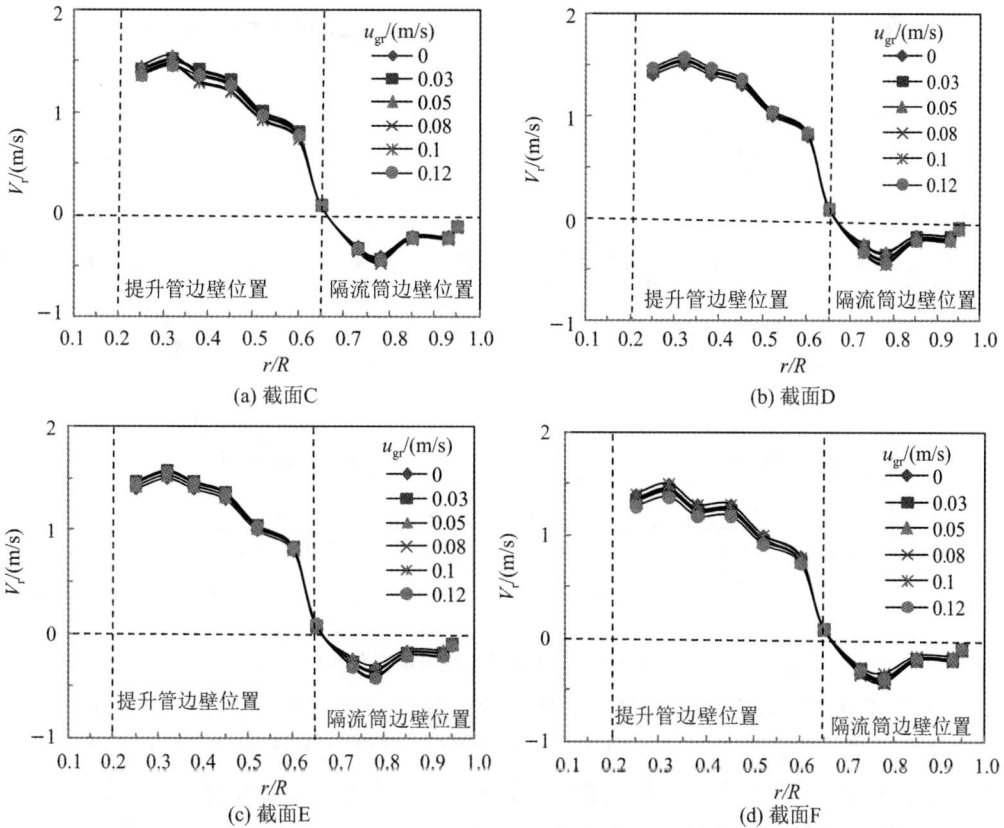

(a) 截面C

(b) 截面D

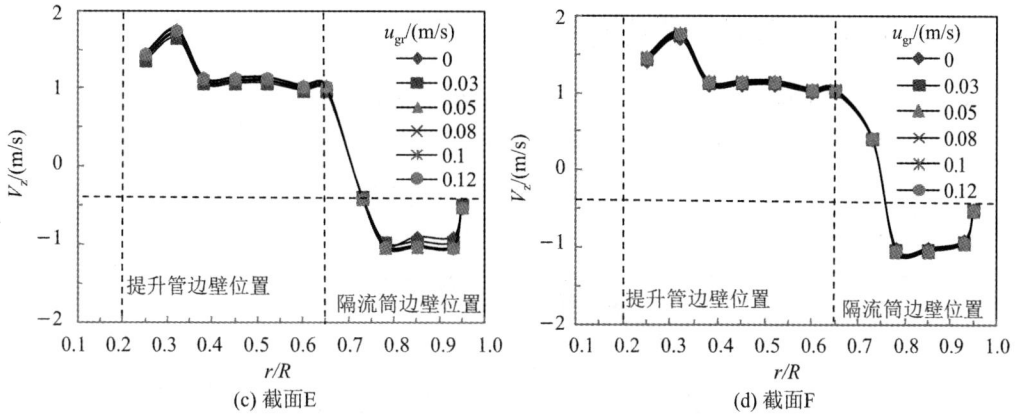

(c) 截面E

(d) 截面F

图 3.14　环隙气速对分离段气相径向速度分布的影响

3.2.4 汽提气速对气相流场的影响

为了能够更好地确定汽提气速的影响，下面在旋流头喷出气速为 18 m/s、导流筒气速 u_{gd} 为 0.5 m/s、环隙气速 u_{gr} 为 0.1 m/s 的条件下，汽提气速 u_d 分别选 0 m/s、0.1 m/s、0.15 m/s、0.2 m/s、0.25 m/s、0.3 m/s、0.35 m/s，测定的气相流场分布结果如图3.15～图 3.17 所示。

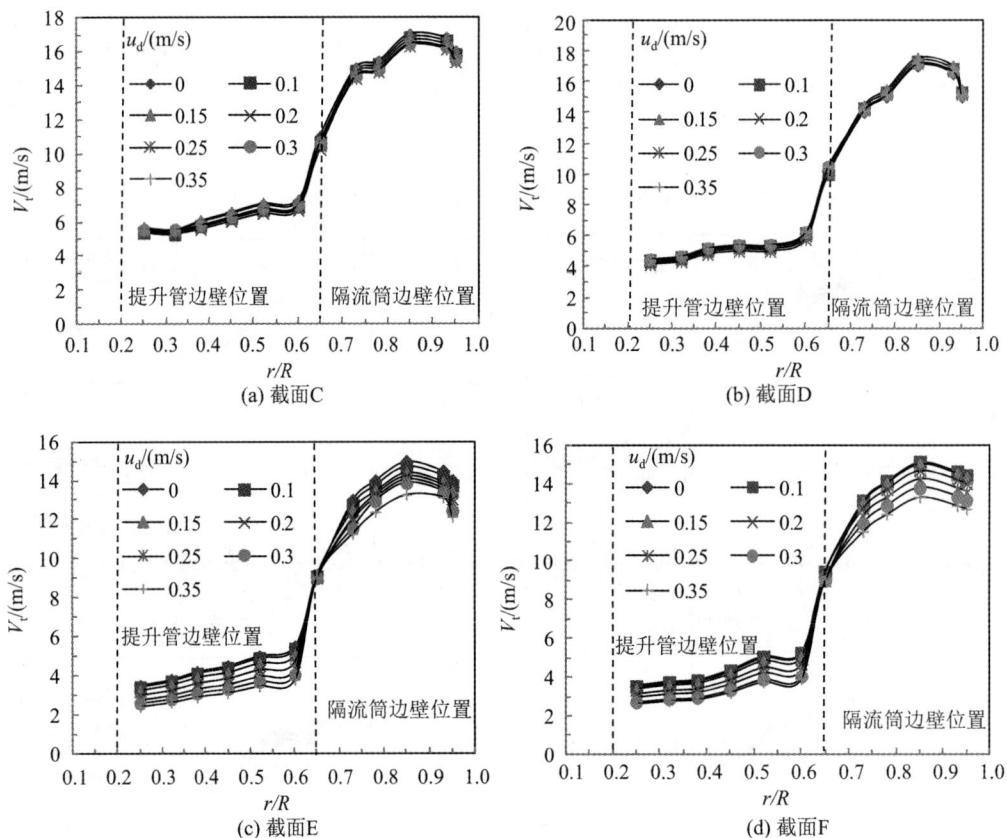

图 3.15　汽提气速对分离段切向速度分布的影响

由图 3.15 可知，汽提气体的引入对环流预汽提组合旋流快分系统分离段下部空间的气相流场会造成一定的影响，但是对上部空间的气相流场基本无影响。以截面 C、截面 D 为例，无论汽提气速取多大，其切向速度的变化曲线基本处于重合状态，而截面 E、截面 F 的切向速度随着汽提气速的增加而略有下降。但无论汽提气速如何变化，内外旋流分界点所在位置基本不变。

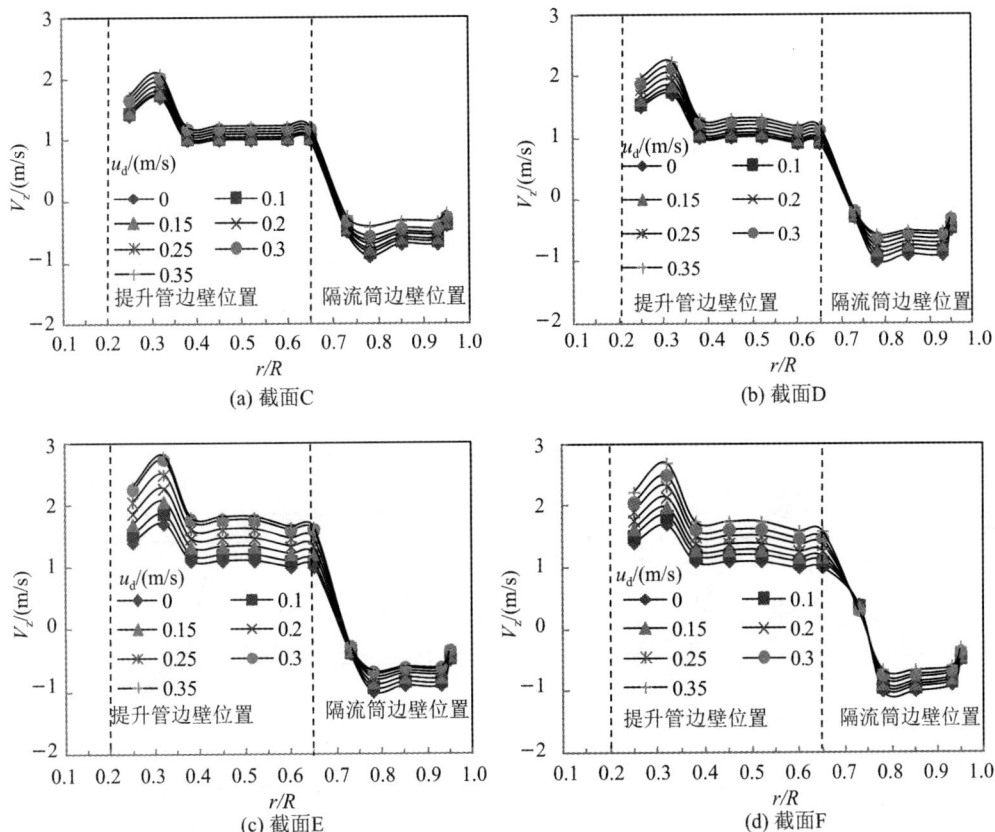

(a) 截面C

(b) 截面D

(c) 截面E

(d) 截面F

图 3.16　汽提气速对分离段轴向速度分布的影响

由图 3.16 可知，分离段内各截面的上行流轴向速度会随着汽提气速的增加而增加，下行流轴向速度会随着汽提气速的增加而减小，这说明汽提气体的引入对迅速引出油气是较为有效的。

由图 3.17 可知，汽提气体的引入对截面 C 径向速度的影响较小，无论汽提气速取多大，其径向速度的变化曲线基本处于重合状态；汽提气体的引入对截面 D、截面 E 径向速度的影响程度居中，截面 D、截面 E 的离心速度会随着汽提气速的增加而增加，但向心速度基本处于不变的状态；汽提气体的引入对截面 F 径向速度的影响最大，主要原因在于，截面 F 处于环流预汽提组合旋流快分系统分离段的最下部空间，截面 F 的离心速度会随着汽提气速的增加而增加，向心速度则会随着汽提气速的增加而减小。

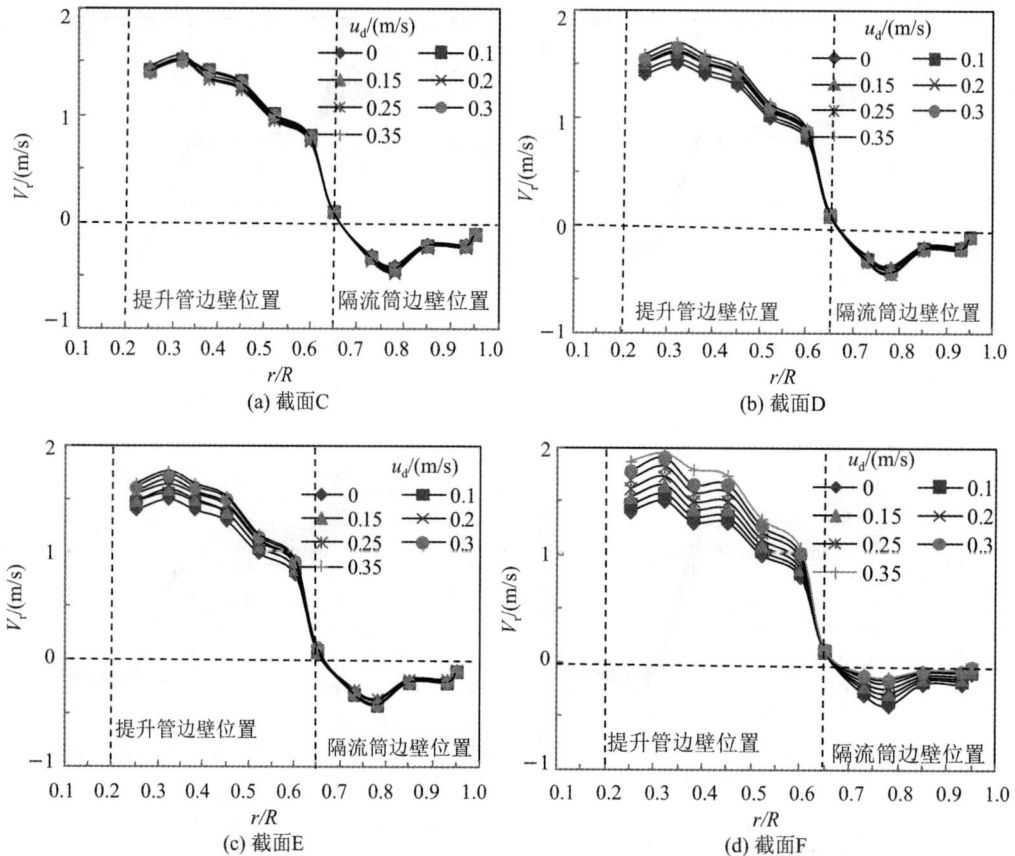

图 3.17　汽提气速对分离段径向速度分布的影响

3.3　环流预汽提组合旋流快分系统的分离效率与压降

3.3.1　喷出气速对分离效率与压降的影响

分离效率与压降是最为重要的衡量环流预汽提组合旋流快分系统分离性能的指标,我们在冷模实验中取了两种入口颗粒浓度,分别是低入口颗粒浓度($C_i = 0.5$ kg/m³)和高入口颗粒浓度($C_i = 15$ kg/m³)。

1. 喷出气速对环流预汽提组合旋流快分系统分离效率的影响

在不同的喷出气速下,环流预汽提组合旋流快分系统的分离效率如图 3.18 所示。

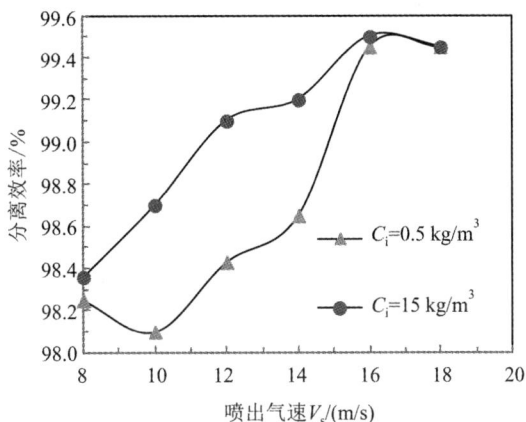

图 3.18　不同喷出气速下环流预汽提组合旋流快分系统的分离效率

由图 3.18 可知：

（1）随着喷出气速的逐步增大，低入口颗粒浓度下环流预汽提组合旋流快分系统的分离效率先减小后增大，但减小幅度较为有限。分离效率增加的原因在于：含有固体颗粒的气体由旋流头喷口喷出之后，在离心力的作用下会做旋转运动；离心力的大小与喷出气速成正比，随着喷出气速的逐步增大，固体颗粒在更大的离心力作用下就会更加易于从气流中分离出来向封闭罩边壁运动，进而完成气固分离过程。分离效率减小的原因在于：气固混合物被喷出后，在轴向速度的作用下先进入到下旋区，向下运动的气体流量还会随着喷出气速的增加而增加；而在低入口颗粒浓度的情况下，由于气体中的固含量较低，因此就会有较好的跟随性，这样一来，就会有相当数量的原已分离的颗粒相重新被喷出的气流扬起，导致气体向上夹带的颗粒量增加，分离效率就会在一定程度上有所下降。

（2）随着喷出气速的逐步增大，高入口颗粒浓度下环流预汽提组合旋流快分系统的分离效率逐步增加，但喷出气速达到一定值之后，分离效率基本趋于平稳，甚至还有所下降。主要原因在于：高入口浓度下固体颗粒之间较易形成团聚物，会导致颗粒团质量增加，这样一来，气流就较难实现二次扬起颗粒。

（3）环流预汽提组合旋流快分系统的分离效率随着 C_i（入口颗粒浓度）的增大而增大。环流预汽提组合旋流快分系统的分离效率会受到 C_i 的双重影响。第一个影响是，环流预汽提组合旋流快分系统内气固混合物的密度与黏度会随着 C_i 的增大而增大，这样一来，在喷出气速相同的情况下，就会削弱气固混合物的旋转运动，固体颗粒群所受离心力也会随之而减少，而旋流快分的分离主要是离心分离，离心力的减少必然会导致环流预汽提组合旋流快分系统气固分离效率降低，这对干气固分离是不利的。第二个影响是，随着 C_i 的增大，固体颗粒之间的夹带作用力、团聚作用力也会随之增强，更加便于环流预汽提组合旋流快分系统及时分离粒径较小的细颗粒，这对于气固分离是有利的。通过模拟计算可知，第二个的影响程度要远大于第一个，因此，环流预汽提组合旋流快分系统的分离效率会随着 C_i 的增大而增大。

2. 喷出气速对环流预汽提组合旋流快分系统压降的影响

压降可对环流预汽提组合旋流快分系统的能耗特性进行准确反映，不同喷出气速对环流预汽提组合旋流快分系统压降的影响如图 3.19 所示。

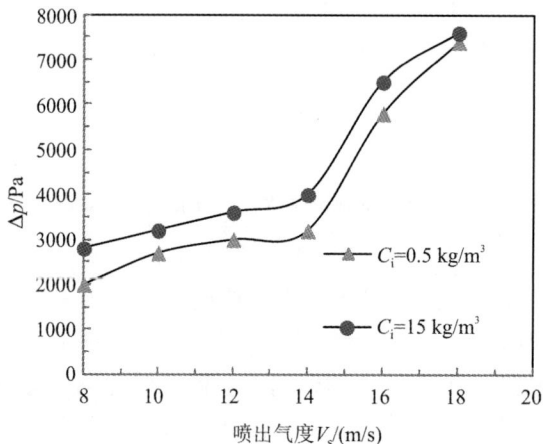

图 3.19 不同喷出气速对环流预汽提组合旋流快分系统压降的影响

由图 3.19 可知：

（1）无论是低入口颗粒浓度，还是高入口颗粒浓度，环流预汽提组合旋流快分系统的压降均会随着喷出气速的增大而增大。主要原因在于：环流预汽提组合旋流快分系统内的气固分离属于典型的稀相分离，气相的动能在分离过程中占据了主导地位，一旦喷出气速增大，势必会增大环流预汽提组合旋流快分系统的压降。

（2）环流预汽提组合旋流快分系统的压降随着 C_i 的增大而增大。环流预汽提组合旋流快分系统的压降大小也会受到 C_i 的双重影响。第一个影响是，环流预汽提组合旋流快分系统内气固混合物的密度会随着 C_i 的增大而增大，这样一来，环流预汽提组合旋流快分系统出口处与进口处的局部流动损失就会随之而增大。第二个影响是，随着 C_i 的增大，封闭罩内壁的固体颗粒更易于形成固体颗粒层，固体颗粒层会滞留大量的旋转气流，进而降低压力损失；与此同时，气固两相之间的阻力会随着 C_i 的增大而增大，会将旋转气流能量大量消耗掉，进而降低旋转气流的切向速度与旋转强度，这样一来，就会导致环流预汽提组合旋流快分系统的压降增大。

3.3.2　入口颗粒浓度对分离效率与压降的影响

1. 入口颗粒浓度对环流预汽提组合旋流快分系统分离效率的影响

入口颗粒浓度对环流预汽提组合旋流快分系统分离效率的影响如图 3.20 所示。

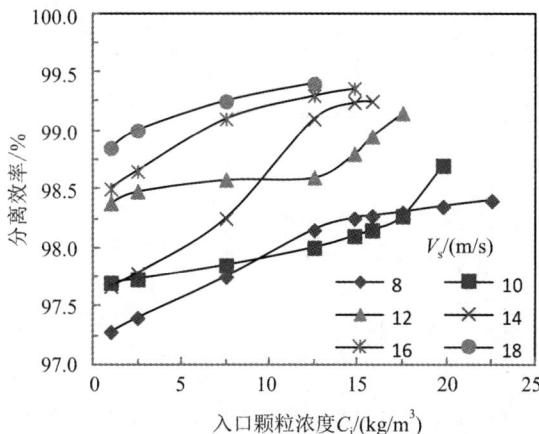

图 3.20　入口颗粒浓度对环流预汽提组合旋流快分系统分离效率的影响

由图 3.20 可知：当喷出气速恒定不变时，环流预汽提组合旋流快分系统的分离效率随着入口颗粒浓度的增加而增大。

当喷出气速 V_s 分别为 8 m/s、10 m/s、12 m/s 时，随着入口颗粒浓度 C_i 的逐步增加，分离效率会在缓慢上升之后出现大幅度增大的现象。主要原因在于：第一，随着入口颗粒浓度的增加，固体颗粒之间的夹带、团聚、碰撞等均会有所增强，颗粒团聚物在移动到沉降器边壁的过程中会造成径向速度流场变化，这样会夹带相当数量的细小颗粒至沉降器边壁，细小颗粒的分离效率自然会得以提高；第二，越来越多的固体颗粒形成团聚物，导致颗粒团聚物的质量更大，更加不容易被气流二次扬起，这对气固分离提供了良好的条件。

当喷出气速 V_s 分别为 14 m/s、16 m/s、18 m/s 时，随着入口颗粒浓度的逐步增加，环流预汽提组合旋流快分系统的分离效率会在快速增加之后出现稳定不变的情况，由此可见，当处于较高入口颗粒浓度时，环流预汽提组合旋流快分系统的分离效率基本不会再随着入口颗粒浓度的变化而变化。

2. 入口颗粒浓度对环流预汽提组合旋流快分系统压降的影响

入口颗粒浓度对环流预汽提组合旋流快分系统压降的影响如图 3.21 所示。由图可知：当喷出气速恒定不变时，环流预汽提组合旋流快分系统的压降随着入口颗粒浓度的增加而增大。当 $C_i < 15$ kg/m³ 时，环流预汽提组合旋流快分系统的压降变化基本处于平稳状态，

变化不大；而后会随 C_i 的增加而增大。主要原因在于：第一，气固两相混合物的密度增大之后，快分入口的局部损失会增加；第二，气固混合物中气相边界层会在颗粒数量不断增加的情况下而减薄，进而会导致气流沿程摩擦损失降低。

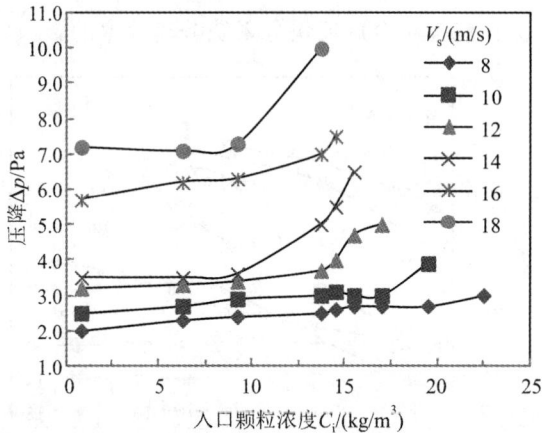

图 3.21　入口颗粒浓度对环流预汽提组合旋流快分系统压降的影响

随着喷出气速的不断增加，环流预汽提组合旋流快分系统的压降会随之上升；待气固两相实现分离之后，颗粒相的部分动能转移至气相，这样就会抑制住压降的增加幅度，使之不会过于剧烈。

3.3.3　汽提气速对分离效率与压降的影响

1. 汽提气速对环流预汽提组合旋流快分系统分离效率的影响

随着汽提气体的加入，部分细小颗粒会在向上流动的汽提气体作用下被夹带，导致分离效率降低；与此同时，汽提气体在向上流动时会与由喷口喷出且向下做旋流运动的气体相互碰撞，将外旋流场大幅度减弱，这也会导致分离效率降低。

不同汽提气速时喷出气速对环流预汽提组合旋流快分系统分离效率的影响如图 3.22 所示，由图可知：随着汽提气速的增加，环流预汽提组合旋流快分系统的分离效率基本处于减小的状态，与前述分析相符。当颗粒循环速率 G_s 为 11.6 kg/(m²·s)时，汽提气速 u_d 为 0.15 m/s 和 0.10 m/s 时的分离效率曲线基本处于重合状态。当汽提气速 u_d 大于 0.15 m/s 之后，分离效率随着汽提气速的增加而增加后逐渐减小，特别是当汽提气速 u_d 增加到 0.25 m/s 时，环流预汽提组合旋流快分系统分离效率下降的趋势较为明显。当 G_s 为 78.45 kg/(m²·s)和 156.35 kg/(m²·s)时，汽提气速 u_d 为 0.15 m/s 和 0.10 m/s 时的分离效率曲线较为类似，而汽提气速 u_d 为 0.20 m/s 和 0.25 m/s 时分离效率出现了较为明显的下降趋势，这对于气固分离极为不利。主要原因在于：第一，旋流动能在气固相的碰撞作用下受到了较大的影响；第二，已分离下来的颗粒在汽提气体的鼓泡汽提之后，会有部分颗粒被夹带出去；第三，有效旋流流场在上部空间下旋的气流与向上流动的汽提气体的对冲作用下会被大量削弱。总之，当汽提气速超过一定值之后，环流预汽提组合旋流快分系统的分离效率必然会下降，这对于气固分离是极为不利的。综合比较而言，当 $u_d = 0.15$ m/s 时，既不会让分离效率大幅度降低，又可取得较佳的汽提效果，故选择此值更为适宜。

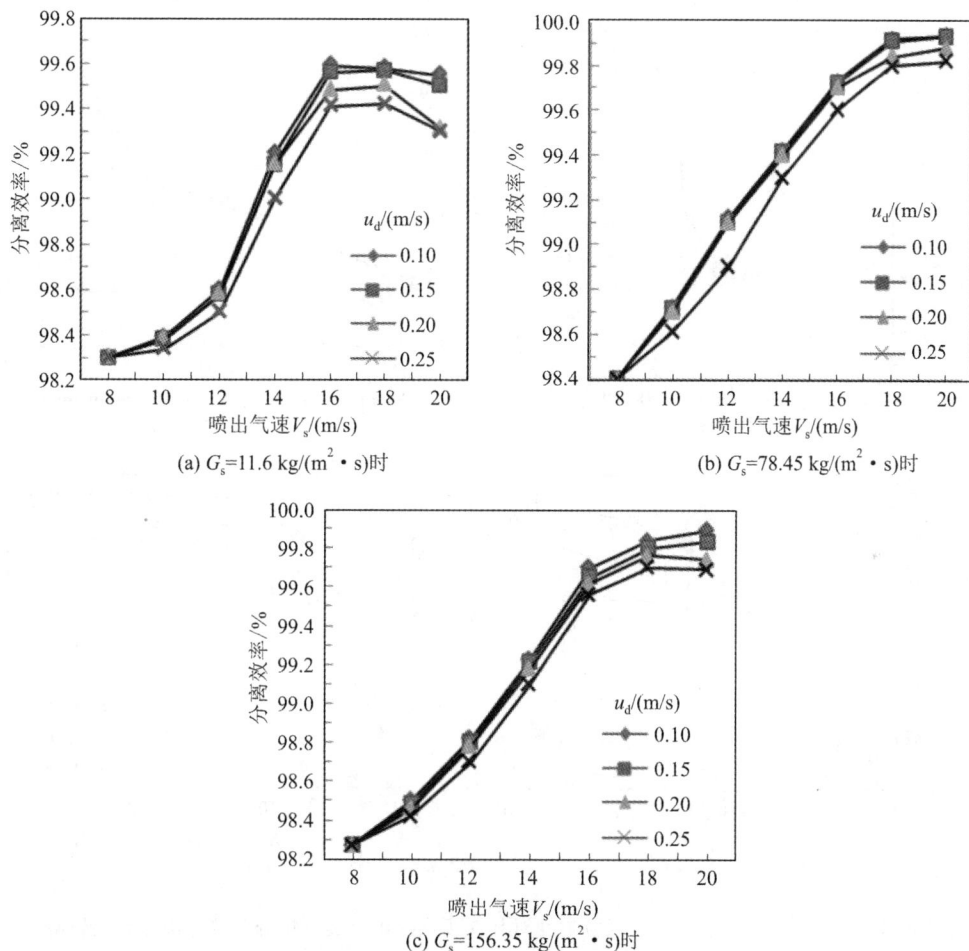

(a) G_s=11.6 kg/(m²·s)时　　　　(b) G_s=78.45 kg/(m²·s)时

(c) G_s=156.35 kg/(m²·s)时

图 3.22　不同汽提气速时喷出气速对环流预汽提组合旋流快分系统分离效率的影响

不同汽提气速时入口颗粒浓度对环流预汽提组合旋流快分系统分离效率的影响如图3.23所示，由图可知：随着入口颗粒浓度的增加，环流预汽提组合旋流快分系统的分离效率基本处于增加的状态。当 V_s 为 8 m/s、入口颗粒浓度较低时，环流预汽提组合旋流快分系统的分离效率处于较为平稳的变化；当入口颗粒浓度提高到 15 kg/m³ 之后，分离效率快速增加。当 V_s 为 12 m/s、16 m/s、18 m/s 时，即便入口颗粒浓度较低，分离效率也会随着入口颗粒浓度的增加而增大。由此可见，入口颗粒浓度、喷出气速的增加对于环流预汽提组合旋流快分系统分离效率的提高是较为有利的，而汽提气速的增大会降低环流预汽提组合旋流快分系统的分离效率。总体而言，在这些影响因素的共同作用下，环流预汽提组合旋流快分系统的分离效率会逐渐增大。

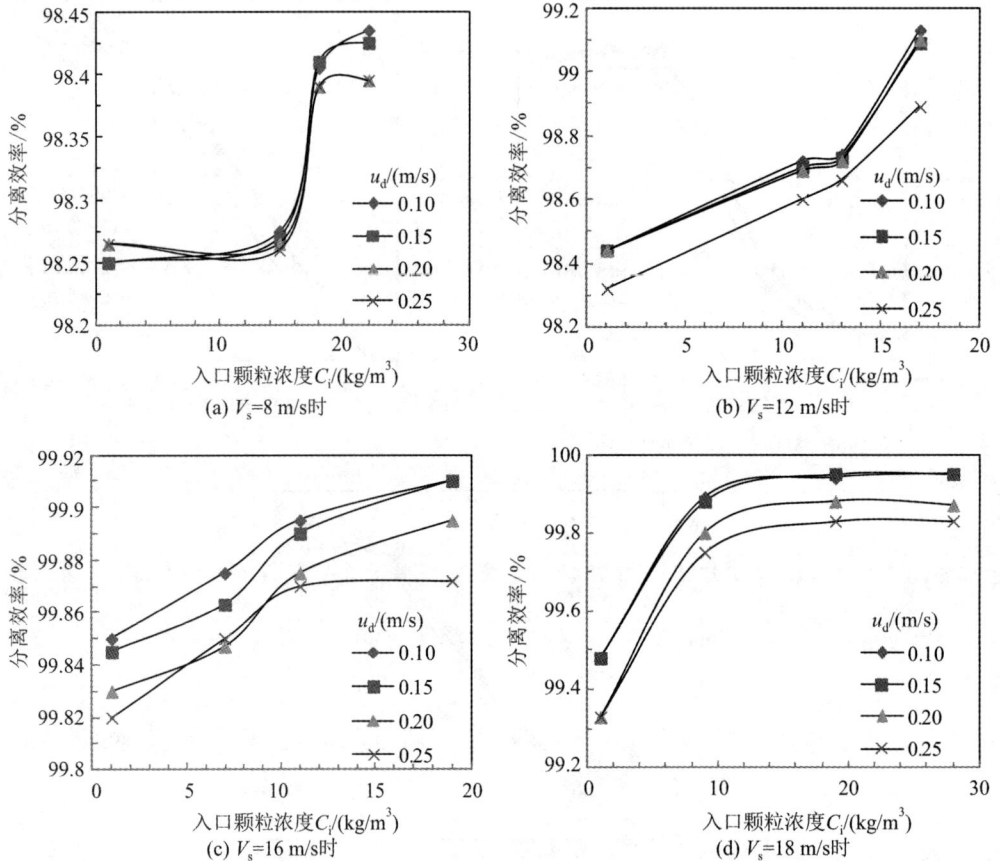

图 3.23　不同汽提气速时入口颗粒浓度对环流预汽提组合旋流快分系统分离效率的影响

汽提气速 u_d 为 0.15 m/s 和 0.10 m/s 时的分离效率曲线基本处于重合状态，但当汽提气速继续增大时，分离效率迅速降低。主要原因在于：若汽提气速越大，则向上运动的气量也会越大，与上部空间下旋气流的正面碰撞力就越大，进而导致分离效率降低。此外，汽提气体也会向上携带部分颗粒，这对于分离效率的提高是极为不利的。

2. 汽提气速对环流预汽提组合旋流快分系统压降的影响

不同汽提气速时喷出气速对环流预汽提组合旋流快分系统压降的影响如图 3.24 所示。由图可知：当 G_s 为 11.6 kg/(m^2·s)时，即使汽提气速取值不同，环流预汽提组合旋流快分系统的压降曲线仍近似重合。由此可见，汽提气速对于环流预汽提组合旋流快分系统的压降影响较小。当 G_s 为 78.45 kg/(m^2·s)和 156.35 kg/(m^2·s)时，随着喷出气速的逐步增加，环流预汽提组合旋流快分系统的压降曲线弯曲程度不同，曲线斜率差异大。由此可见，当颗粒循环速率较高时，随着汽提气速的增加，环流预汽提组合旋流快分系统的压降也会随之增加。

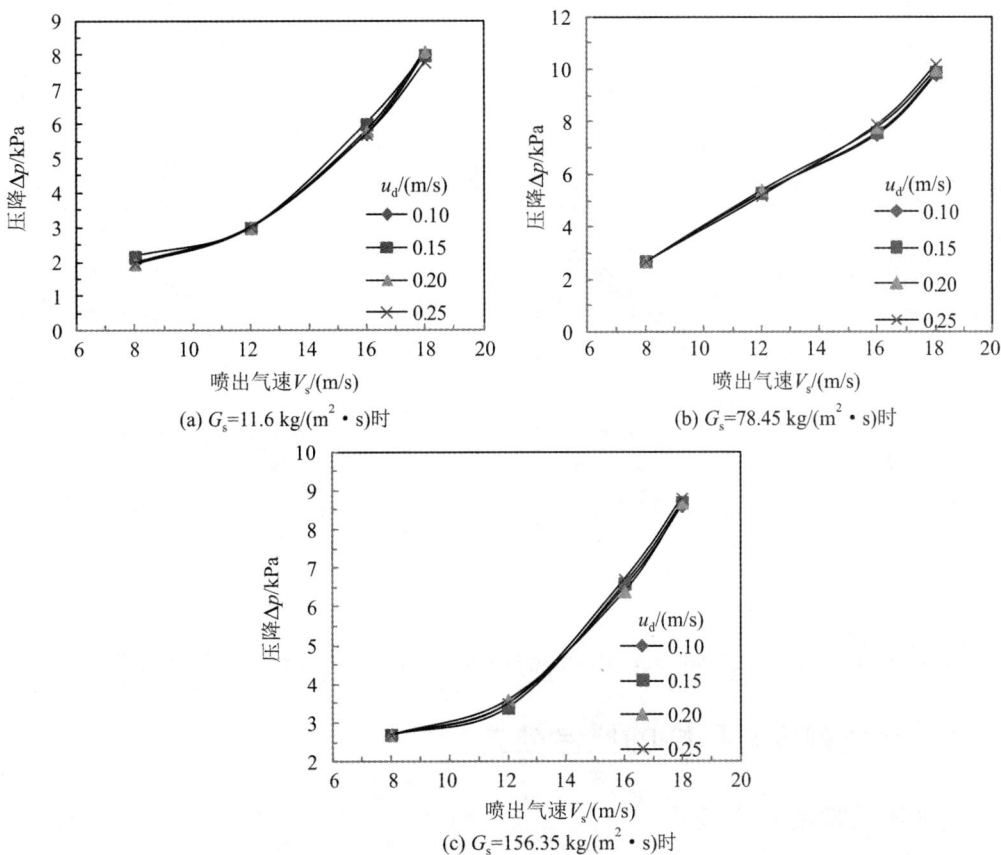

(a) G_s=11.6 kg/(m^2·s)时

(b) G_s=78.45 kg/(m^2·s)时

(c) G_s=156.35 kg/(m^2·s)时

图 3.24　不同汽提气速时喷出气速对环流预汽提组合旋流快分系统压降的影响

不同汽提气速时入口颗粒浓度对环流预汽提组合旋流快分系统压降的影响如图 3.25 所示。由图可知：当 V_s 为 8 m/s 时，环流预汽提组合旋流快分系统的压降会随着入口颗粒浓度的增加而增加，但基本不会受到汽提气速的影响。当 V_s 为 12 m/s、16 m/s、18 m/s

时，若入口颗粒浓度、喷出气速不变，则环流预汽提组合旋流快分系统的压降会随着汽提气速的增加而增加。

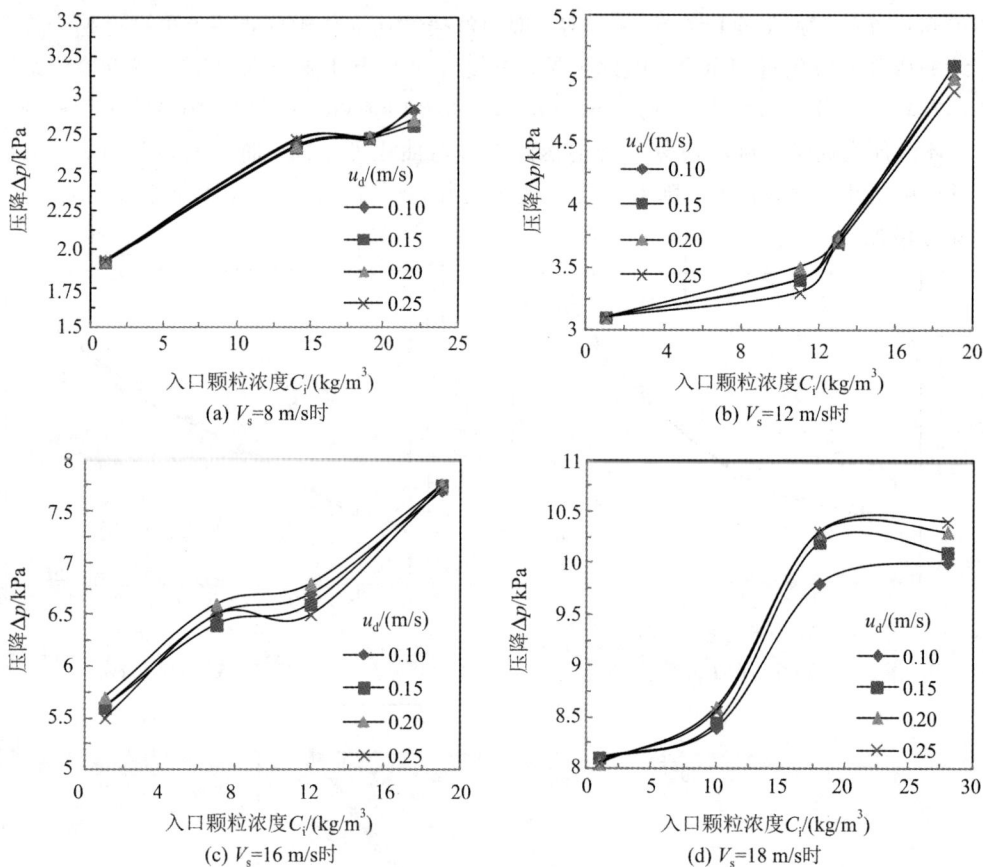

图 3.25 不同汽提气速时入口颗粒浓度对环流预汽提组合旋流快分系统压降的影响

3.3.4 分离效率与压降的拟合公式

1. 分离效率的拟合公式

通过实验可以看出，入口颗粒浓度、汽提气速、喷出气速均会对环流预汽提组合旋流快分系统的分离效率造成影响，而导流筒气速、环隙气速对分离效率的影响较小。通过经验关联，可得到分离效率的拟合公式，即

$$\eta = 94.2613 V_s^{0.0183} u_d^{-0.00092} C_i^{0.000741} \qquad (3.1)$$

由式(3.1)可知：环流预汽提组合旋流快分系统的分离效率 η 随着汽提气速 u_d 的增大

而减小，随着入口颗粒浓度 C_i 和喷出气速 V_s 的增大而增大。分离效率计算值与实验值的对比如图 3.26 所示，二者的最大偏差为 0.54%，处于可接受的范围。

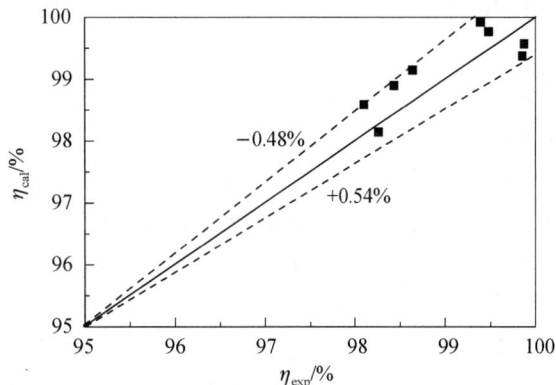

图 3.26 分离效率计算值 η_{cal} 与实验值 η_{exp} 的对比

2. 压降的拟合公式

通过实验可以看出，环流预汽提组合旋流快分系统的压降与快分的结构尺寸、喷出气速、颗粒物性、颗粒浓度等有关。通过经验关联，可得到压降的拟合公式，即

$$\Delta p = \xi(\rho V_s^2 / 2) \tag{3.2}$$

式中：ξ 为阻力系数，$\xi = 3.744 Str^{1.8269} Re^{-0.6413}$；$\rho$ 为快分入口气固混合物密度（kg/m³）；V_s 为喷出气速。其中，$Str = H_e D_e S$，$Re = d\rho_g u_d / \mu$，$H_e = H/D$，$D_e = L/D$，$S = ab/(0.785D^2)$，d 为颗粒直径（mm），ρ_g 为空气密度（kg/m³），μ 为空气黏度（Pa·s），H 为隔流筒长度（mm），D 为提升管内径（mm），L 为隔流筒直径（mm），a 和 b 分别为喷口的长和宽（mm）。

压降计算值与实验值的对比如图 3.27 所示，二者的最大偏差小于 10%，处于可接受的范围。

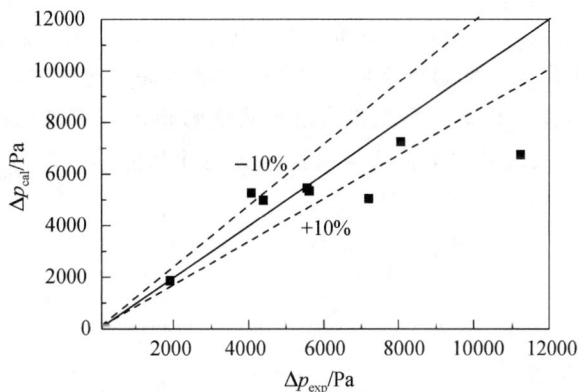

图 3.27 压降计算值 Δp_{cal} 与实验值 Δp_{exp} 的对比

3.4　本章小结

本章为环流预汽提组合旋流快分系统的实验测定与分析,可得到以下新的认识:

(1) 通过实验详细测定了环流预汽提组合旋流快分系统喷出段、分离段、引出段的三维气相流场分布,其内部流场具有如下特点:① 切向速度在三个速度分量中数值最大,是使颗粒获得离心力的动力。切向速度由内、外旋流区组成,在气固分离过程中起主导作用,增加切向速度可以提高颗粒的离心力,对分离是有益的。② 轴向速度可分为上、下行流区,隔流筒径向位置附近区域是上、下行流区的分界点。③ 径向速度在三个速度中量级最小,气流主要由向心流与离心流组成。

(2) 通过实验详细考察了喷出气速、导流筒气速、环隙气速、汽提气速对环流预汽提组合旋流快分系统气相流场的影响规律,即:导流筒气速、环隙气速对气相流场的影响较小;而喷出气速、汽提气速对气相流场的影响较大。随着喷出气速的增加,各截面靠近封闭罩内壁一侧的外旋流区略有扩大,这无疑能够有效促进分离效率的提高;随着汽提气速的增加,切向速度略微有些下降,轴向速度的下行流速略有减小,上行流速增大。

(3) 分离效率和压降是最为重要的衡量环流预汽提组合旋流快分系统分离性能的指标,入口颗粒浓度、汽提气速、喷出气速对分离性能的影响较为显著,即:① 随着喷出气速的逐步增大,低入口颗粒浓度下环流预汽提组合旋流快分系统的分离效率先增加后减小,但减小幅度较为有限;随着喷出气速的逐步增大,高入口颗粒浓度下环流预汽提组合旋流快分系统的分离效率逐步增加,但喷出气速达到一定值之后,分离效率基本趋于平稳,甚至还有所下降。无论是低入口颗粒浓度,还是高入口颗粒浓度,环流预汽提组合旋流快分系统的压降均会随喷出气速的增大而增大。② 环流预汽提组合旋流快分系统的压降随着入口颗粒浓度的增大而增大。③ 分离效率随汽提气速的增加而下降,尤其是当汽提气速大于 0.2 m/s 后,分离效率出现了明显的下降;而压降则随汽提气速的增加而略增,汽提气速约为 0.15 m/s 时更为适宜。④ 利用数据拟合的方式能够得出环流预汽提组合旋流快分系统分离效率和压降的经验关联式,实验值与拟合公式的计算值具有较好的吻合性,可供工程设计参考。

第 4 章

环流预汽提组合旋流快分系统的
数值模拟计算方法

4.1 气相的数值模拟计算方法

4.1.1 湍流模型

从工程应用情况来看，旋转湍流模拟中气相的湍流模型主要有三大类，分别是 RSM (Reynolds Stress Model，雷诺应力模型)、RNG(Renormalization Group，重归一化组)k-ε 模型、标准 k-ε 模型。环流预汽提组合旋流快分系统内部的气相流动属于大曲率、强旋流的流动[101-103]，大量的文献资料表明：

(1) 若选用标准 k-ε 模型，那么无论是数值模拟切向速度，还是数值模拟轴向速度，都存在着较大的误差。换而言之，标准 k-ε 模型既不能对中心回流区(由强旋流产生)的强度进行正确模拟，又不能对切向速度剖面的 Rankine 涡结构进行正确模拟，因此，标准 k-ε 模型不适于模拟大曲率、强旋流的流动。

(2) 与标准 k-ε 模型相比，RNG k-ε 模型能够在一定程度上改善模拟结果，但改善效果是极为有限的。

(3) RSM 不再采用标准 k-ε 模型和 RNG k-ε 模型所使用的涡黏性假设，既考虑了雷诺应力分布受到壁面影响的程度，又对雷诺应力的微分输运方程进行了完全求解，模拟结果的精度和准确性都得以提高。故下面采用 RSM 进行计算，并加以验证[104]。

湍流模型选择了 RSM 之后，首先要建立雷诺应力的输运方程，并将雷诺应力项与应力输运方程中的三阶未知量建立起联系，以此来封闭应力输运方程组[105]。应力输运方程可通过 Reynolds 方程、瞬态的 N-S 方程来进行推导。经过整理后，得到雷诺应力 $\rho\overline{v_i'v_j'}$ 的精确

输运方程为

$$\frac{\partial}{\partial t}(\rho\overline{v_i'v_j'}) + \frac{\partial}{\partial x_k}(\rho\overline{v_k v_i'v_j'}) = -\frac{\partial}{\partial x_k}\left[\rho\overline{v_k'v_i'v_j'} + \overline{p'(\delta_{kj}v_i + \delta_{ki}v_j)}\right] +$$

$$\frac{\partial}{\partial x_k}\left[\mu\frac{\partial}{\partial x_k}(\overline{v_i'v_j'})\right] - \rho\left(\overline{v_i'v_k'}\frac{\partial\overline{u_j}}{\partial x_k} + \overline{v_j'v_k'}\frac{\partial\overline{v_i}}{\partial x_k}\right) -$$

$$2\mu\overline{\frac{\partial v_i'}{\partial x_k}\frac{\partial v_j'}{\partial x_k}} + \overline{p'\left(\frac{\partial v_i'}{\partial x_j} + \frac{\partial v_j'}{\partial x_i}\right)} \qquad (4.1)$$

式中：等号左边第一项为时间变化率 T_{ij}，第二项为平均运动产生的对流项 C_{ij}；等号右边第一项为湍流扩散项 D_{ij}^{T}，第二项为分子扩散项 D_{ij}^{L}，第三项为剪力产生项 P_{ij}，第四项为耗散项 ε_{ij}，第五项为压力应变项 ϕ_{ij}。

式(4.1)中由于存在着 D_{ij}^{T}、ε_{ij}、ϕ_{ij}，导致整个右边项并非为封闭体系，仍然还是只能选用模型来进行近似。二阶封闭法对上面三项进行了如下模拟：

(1) 将 Daly-Harlow 的梯度扩散模型引入模拟的湍流扩散项中：

$$D_{ij}^{\mathrm{T}} = C_{\mathrm{s}}\frac{\partial}{\partial x_k}\left(\rho\frac{k\overline{v_k'v_l'}}{\varepsilon}\frac{\partial\overline{v_i'v_j'}}{\partial x_l}\right) \qquad (4.2)$$

在计算过程中，这个方程由于会出现交叉扩散项而较易导致最终计算结果不稳定，所以，进行了如下简化：

$$D_{ij}^{\mathrm{T}} = \frac{\partial}{\partial x_k}\left(\frac{\mu_{\mathrm{t}}}{\sigma_k}\frac{\partial\overline{v_i'v_j'}}{\partial x_k}\right) \qquad (4.3)$$

式中：C_{s} 为单颗粒(气泡)曳力系数；ρ 为快分入口气固混合物密度；k 为湍流脉动动能，$k = \frac{1}{2}\overline{v_i'v_j'}$；$\varepsilon$ 为湍流耗散率；μ_{t} 为湍流黏性系数，$\mu_{\mathrm{t}} = \rho C_{\mathrm{s}}k^2/\varepsilon$；$\sigma_k = 0.82$；$v$ 为气体流速。

(2) 可将耗散项视为具有各向同性特征，因为湍流耗散率 ε 等同于标准 k-ε 模型中使用的 ε，所以运用 k-ε 模型中使用的 ε 的输运方程求解，即

$$\frac{\partial}{\partial t}(\rho\varepsilon) + \frac{\partial}{\partial x_j}(\rho v_j\varepsilon) = \frac{\partial}{\partial x_j}\left[\left(\mu_{\mathrm{t}} + \frac{\mu_{\mathrm{t}}}{\sigma_\varepsilon}\right)\frac{\partial\varepsilon}{\partial x_j}\right] + \frac{\varepsilon}{k}(c_1 G_k - c_2\rho\varepsilon) \qquad (4.4)$$

式中：常数 $\sigma_\varepsilon = 1.0$，$c_1 = 1.44$，$c_2 = 1.92$，G_k 为湍动能 k 的产生项。

(3) 基于 Launder、Gibson 等人的意见，可将压力应变项的模拟分解成两部分，分别是 $\phi_{ij,1}$、$\phi_{ij,2}$，而 $\phi_{ij} = \phi_{ij,1} + \phi_{ij,2}$，$\phi_{ij,1}$、$\phi_{ij,2}$ 分别按下式进行计算：

$$\phi_{ij,1} = -C_1\rho\frac{\varepsilon}{k}\left(\overline{v_i'v_j'} - \frac{2}{3}\delta_{ij}k\right) \qquad (4.5)$$

$$\phi_{ij,2} = -C_2\left((P_{ij} - C_{ij}) - \frac{2}{3}\delta_{ij}(P - C)\right) \qquad (4.6)$$

其中，P_{ij}、C_{ij} 按式(4.1)中定义，$C_1 = 1.8$，$C_2 = 0.6$，$P = 0.5P_{kk}$，$C = 0.5C_{kk}$。

值得注意的是，上面的方程推导始终都是围绕着"快速分离器内恒温流动"的假设[107]，并没有涉及能量方程。因此，将雷诺应力输运模型用于 CSVQS 快分器内进行流场数值模拟时，可用式(4.7)来对控制方程进行求解，即

$$\frac{\partial}{\partial t}(\rho\varphi) + \frac{\partial}{\partial x_j}(\rho v_j \varphi) = \frac{\partial}{\partial x_j}\left(\Gamma_\varphi \frac{\partial \varphi}{\partial x_j}\right) + S_\varphi \tag{4.7}$$

式中：S_φ 为源项，Γ_φ 为输运系数，φ 为通用变量。对各方程而言，φ、Γ_φ、S_φ 的具体含义见表 4.1。

表 4.1 在直角坐标系下雷诺应力方程模型的控制方程

方 程	φ	Γ_φ	S_φ
连续方程	1	0	0
运动方程	v_i	$\dfrac{\mu}{\sigma_\varphi}$	$-\dfrac{\partial p}{\partial x_i} + \dfrac{\partial(\mu \partial v_j/\partial x_i)}{\partial x_j} + \rho g_i - \dfrac{\partial(\overline{\rho v_i' v_j'})}{\partial x_j}$
耗散率方程	ε	$\mu + \dfrac{\mu_t}{\sigma_\varepsilon}$	$\varepsilon \dfrac{c_{\varepsilon 1} P_{ii}/2 - c_{\varepsilon 2} \rho \varepsilon}{k}$　（$c_{\varepsilon 1}$，$c_{\varepsilon 2}$ 为常数）
雷诺应力方程	$\overline{v_i' v_j'}$	$\mu + \dfrac{\mu_t}{\sigma_k}$	$P_{ij} + \varepsilon_{ij} + \phi_{ij}$

4.1.2 方程组的离散和差分格式的选择

从目前来看，国内外已经建立起了较为成熟的离散方程有限差分方法，且实施过程简单，故被大量应用[108-111]。由于控制容积积分法（又称有限体积法）能够确保离散方程具有守恒特性，又能够让推导过程清晰明了，因此，下面选择控制容积积分法来建立离散方程。控制容积积分法的主要步骤如下：

（1）在任一时间间隔或者控制容积内，应用守恒型的控制方程来对时间与空间予以积分；

（2）选定未知函数及其导数来描述空间间隔与时间的分布曲线；

（3）对各个项选定的曲线函数予以积分，并整理出相对应的代数方程。

在离散控制方程中，尽管扩散项属于二阶导数项，但是处理起来并不复杂；而压力梯度项及非线性对流项虽然属于一阶项，但是处理方法较为复杂。为了能够让计算结果尽量准确和稳定，务必要对离散格式进行正确选择。基于文献研究结果[112]，本书中的全部扩散项所选用的离散格式均为中心差分格式；而非线性对流项的离散格式选择空间就较大，既有 QUICK 差分格式、二阶迎风差分格式，又有混合差分格式、一阶迎风差分格式，还有乘方差分格式、指数差分格式等，其中应用最广泛的当属 QUICK 差分格式、一阶迎风差分格

式和二阶迎风差分格式，下面以图 4.1 中所示的一维控制体为例来进行说明。

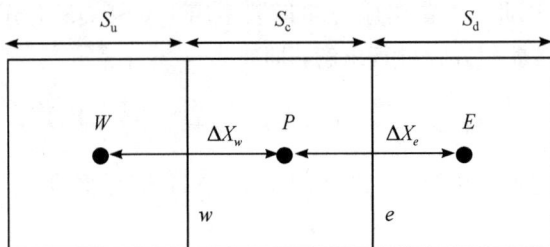

图 4.1 一维控制体

1. 一阶迎风差分格式

一阶迎风差分格式的离散方程系数在任何计算条件下都会始终大于 0，可保持绝对的稳定性。但是，其弊端在于：截差精度只有一阶，除非在计算过程中网格选择得十分细密，否则就会出现较大的计算误差。

2. 二阶迎风差分格式

二阶迎风差分格式的离散方程也能够保持绝对的稳定性，并且其截差精度为二阶，计算误差较小。但是，其弊端在于：二阶迎风差分格式不具有物理意义上的守恒特性。

3. QUICK 差分格式

虽然对流项 QUICK 差分格式的截差精度为三阶，但是由于扩散项所采用的中心差分只具有二阶截差，因此，QUICK 差分格式并没有在精度方面有太大的改善。但是，其具有守恒特性，能够明显降低数值的扩散误差，能够让实际结果与模拟计算结果做到较好的吻合。QUICK 差分格式在最近几年得到了较大的应用，特别适用于大曲率、强旋流的流动。QUICK 差分格式的弊端在于：只有在较高的网格质量下，QUICK 差分格式才能够达到稳定；否则，较易出现收敛困难的问题[113]。本书中对流项的离散均使用 QUICK 差分格式。

在扩散项的中心差分格式中，界面上的一阶导数项按下式计算：

$$\left(\frac{\partial \varphi}{\partial x}\right)_e = \frac{\varphi_E - \varphi_P}{X_e}$$

$$\left(\frac{\partial \varphi}{\partial x}\right)_w = \frac{\varphi_P - \varphi_w}{X_w} \tag{4.8}$$

对于图 4.1 中的界面 e，流向是从左往右，变量 φ_e 按中心差分格式为

$$\varphi_{e1} = \frac{S_d}{S_c + S_d}\varphi_P + \frac{S_d}{S_c + S_d}\varphi_E \tag{4.9}$$

变量 φ_e 按二阶迎风差分格式为

$$\varphi_{e2} = \frac{S_u + 2S_c}{S_c + S_u}\varphi_P - \frac{S_c}{S_c + S_u}\varphi_W \tag{4.10}$$

取二者的加权平均值后，得到 QUICK 差分格式的取值方式为

$$\varphi_e = \theta\varphi_{e1} + (1-\theta)\varphi_{e2} \tag{4.11}$$

通常 θ 取 $1/8$。当 $\theta=0$ 时，上式即变为二阶迎风差分格式的形式。

4.1.3　压力插补格式的选择

在 CFD 数值模拟中，为了能够降低计算工作量，提高计算结果精度，对动量方程的离散设置了一个补充项，即通过修正压力梯度项来控制动量方程的离散。补充项可在同一网格节点上用变量、速度、标量储存压力，并且进行求解，特别适合旋转流场压力梯度较大的情况。

Standard 格式是 FLUENT 中默认的压力插补格式，适用于绝大多数的情况。但是，某些特定模型若选用其他格式，可能会获得更佳的效果。例如，若流动中的体积力较大，那么推荐采用体积力加权格式；若为高度扭曲区域流动、高速旋转流动、高涡流动，那么推荐采用 PRESTO! 格式[114]。由于环流预汽提组合旋流快分系统内部的气相流动属于强旋流的流动，因此，压力插补格式选用 PRESTO! 格式为宜，界面 w、e 上的压力值 p_f 可以写成：

$$p_f = p_w = p_P,\ p_f = p_e = p_E \tag{4.12}$$

4.1.4　压力与速度的耦合算法的选择

分离式求解法适用于绝大多数流动情况的代数方程组。分离式求解法是指有序、独立地采用一系列变量（如 u、v、w、p 等）来予以求解的方法，即：只将一个未知变量用迭代法来进行求解，而将其余未知变量视为常数，待求解出这个变量之后，再将下一个未知变量用迭代法来进行求解，以此类推，最终逐一求解。分离式求解法的关键环节就在于要获得正确的压力场[115-116]。目前工程界常常选用 PISO 算法、SIMPLE 算法、SIMPLEC 算法、SIMPLER 算法来作为压力与速度的耦合算法，以 SIMPLE 算法应用最为广泛。本书采用 SIMPLE 算法来作为压力与速度的耦合算法。

综上所述，本书选择控制容积积分法来建立离散方程，湍流模型采用 RSM，压力与速度的耦合算法采用 SIMPLE 算法，湍流扩散率方程、动量方程都采用 QUICK 差分格式米予以离散。

4.2　气固两相的数值模拟计算方法

4.2.1　气固两相基本控制方程

气固两相基本控制方程采用双流体模型(即 Euler-Euler 模型),由颗粒动力学理论来封闭颗粒相压力、颗粒黏度,而曳力模型则采用基于结构的 EMMS 曳力模型。

4.2.2　基于结构的 EMMS 曳力模型

由于均匀化曳力模型会对气固相间的作用力进行过大估计,很难将流态化系统中的气固接触问题予以描述,并且也未考虑不均匀结构对气固曳力的作用和影响,因此,很有必要适当修正曳力,故曳力模型采用基于结构的 EMMS 曳力模型。EMMS 曳力模型的基本方程如下所述。

气相质量守恒方程:

$$U_g = (1-f)U_{gf} + fU_{gc} \tag{4.13}$$

固相质量守恒方程:

$$U_s = (1-f)U_{sf} + fU_{sc} \tag{4.14}$$

稀相力平衡方程:

$$\frac{3}{4}C_{df}\frac{\rho_g U_{slipf}^2}{d_p} = (\rho_p - \rho_g)(g + a_{sf}) \tag{4.15}$$

介尺度力平衡方程:

$$\frac{3}{4}C_{db}\frac{1-f}{d_b}\rho_c U_{slipf}^2 = f(1-\varepsilon_{gc})(\rho_p - \rho_g)(g + a_{sc})k_i \tag{4.16}$$

密相力平衡方程:

$$\frac{3}{4}C_{dc}\frac{\rho_g U_{slipc}^2}{d_p} = (\rho_p - \rho_g)(g + a_{sc})k_c \tag{4.17}$$

基于结构的曳力系数(β_e)为

$$\beta_e = \frac{\varepsilon_g^2}{U_{slip}}[fF_{dc} + (1-f)F_{df} + F_{di}] \tag{4.18}$$

式中:U_g 为气相质量,kg;f 为摩擦系数;U_{gf} 为气相与稀相相互作用相质量,kg;U_{gc} 为气相与密相相互作用相质量,kg;U_s 为固相质量,kg;U_{sf} 为固相与稀相相互作用相质量,kg;U_{sc} 为固相与密相相互作用相质量,kg;C_{df} 为稀相单颗粒(气泡)曳力系数;ρ_g 为空气密度,kg/m³;U_{slipf} 为稀相质量,kg;d_p 为颗粒粒径,μm;ρ_p 为大气压密度,kg/m³;g 为重力加速度，m/s²；a_{sf} 为固体稀相加速度，m/s²；C_{db} 为介尺度单颗粒(气泡)曳力系数；d_p 为单颗粒尺寸；ρ_c 为固体密度，kg/m³；ε_{gc} 为密相湍流动能耗散率；a_{sc} 为固体密相加速度，m/s²；k_i 为相互作用相湍流脉动动能，J；C_{dc} 为密相单颗粒(气泡)曳力系数；k_c 为密相湍流脉动动能，J；β_e 为均匀化的曳力系数；ε_g 为固含率；U_{slipc} 为密相质量，kg；U_{slip} 为气相与固相互作用相质量，kg；F_{dc} 为密相曳力，N；F_{df} 为稀相曳力，N；F_{di} 为相互作用相曳力，N。

　　SFM 将气固流化系统分为密相、稀相和相互作用相，既对相与相之间的作用力(相互作用相曳力 F_{di})进行了考虑，又对相内的气固曳力(密相曳力 F_{dc}、稀相曳力 F_{df})进行了考虑。通常而言，为了能够对曳力系数受到结构影响的程度进行量化，可采用参数 H_d(非均匀结构因子)来进行评定，即

$$H_d = \frac{\beta_e}{\beta} \tag{4.19}$$

式中，β 为均匀化的曳力系数，且有

$$\beta = \begin{cases} \dfrac{3}{4}C_d \dfrac{\varepsilon_s \varepsilon_g \rho_g |v_g - v_s|}{d_p} \varepsilon_g^{-2.65}, & \varepsilon_g > 0.8 \\[3mm] 150\dfrac{\varepsilon_s^2}{\varepsilon_g}\dfrac{\mu_g}{d_p^2} + 1.75\varepsilon_s \dfrac{\rho_p}{d_p}|v_g - v_s|, & \varepsilon_g \leqslant 0.8 \end{cases} \tag{4.20}$$

其中，C_d 为单颗粒(气泡)曳力系数，且有

$$C_d = \begin{cases} 0.44, & Re_s > 1000 \\[2mm] \dfrac{24}{Re_s}(1 + 0.15Re_s^{0.687}), & Re_s > 1000 \end{cases} \tag{4.21}$$

$$Re_s = \frac{\varepsilon_s \rho_g d_p |v_g - v_s|}{\mu_g} \tag{4.22}$$

4.3　气相模型的验证

4.3.1　几何模型的建立和网格的划分

1. 几何模型的建立

　　采用 ANSYS DM(Design Model)建模，为了准确反映环流预汽提组合旋流快分系统内部实际的流场情况，我们对几何模型未作任何简化，保持其几何尺寸与实验结构尺寸完全一致。由于篇幅有限，故下面仅列举部分几何模型。环流预汽提组合旋流快分系统实验装

置结构及几何模型如图 4.2 所示，CSVQS 系统快分旋流头实验结构及几何模型如图 4.3 所示，汽提段 I 流化风管实验结构及几何模型如图 4.4 所示，气体分布板实验结构及几何模型如图 4.5 所示，旋流臂结构及几何模型如图 4.6 所示。

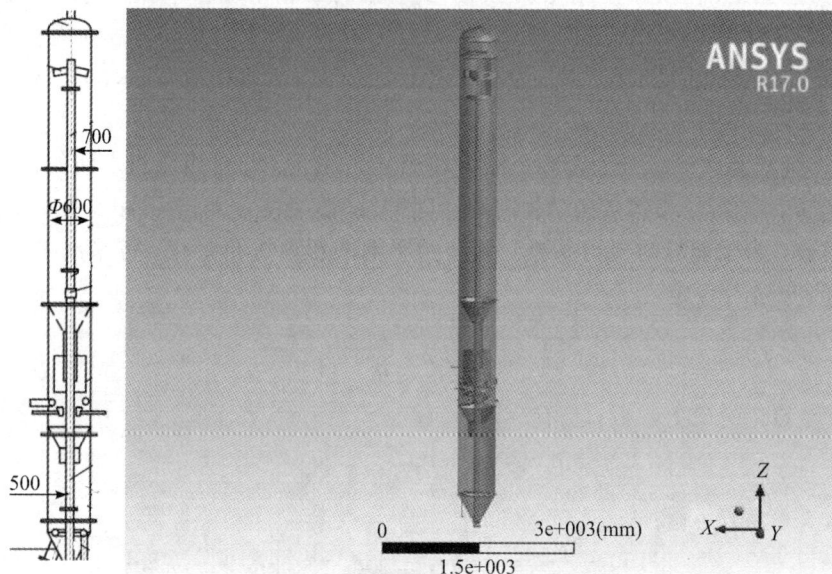

图 4.2　环流预汽提组合旋流快分系统实验装置结构及几何模型

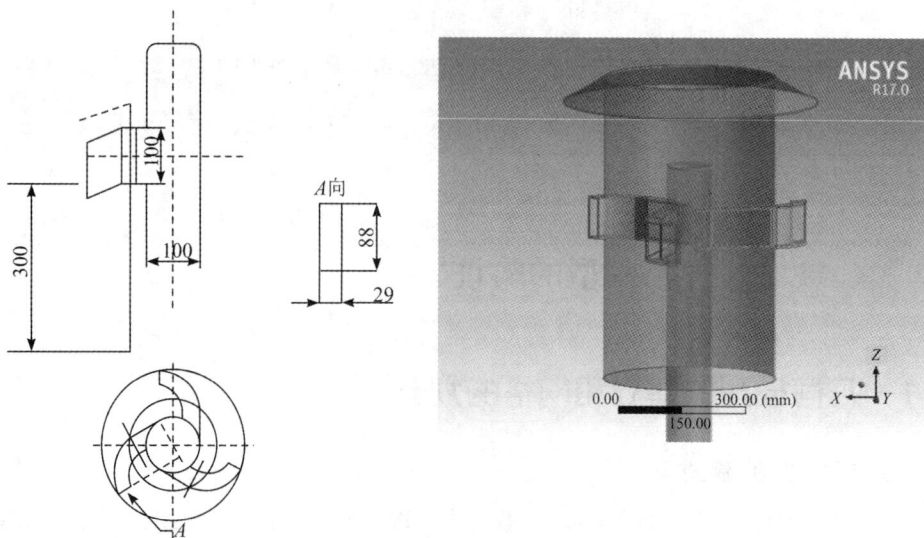

图 4.3　CSVQS 系统快分旋流头实验结构及几何模型

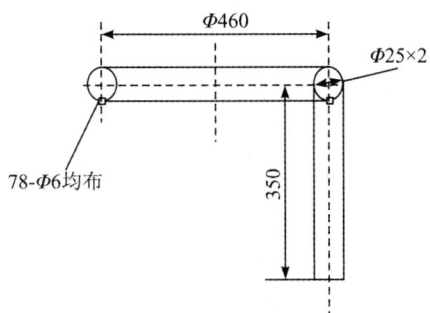

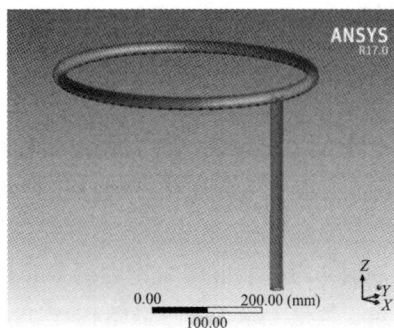

图 4.4　汽提段 I 流化风管实验结构及几何模型

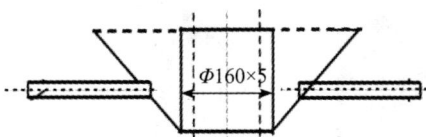

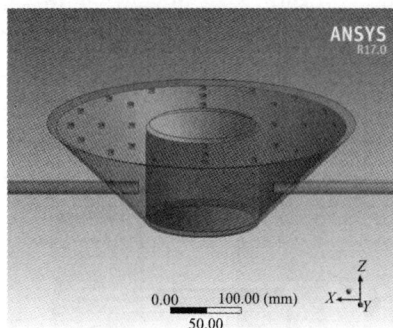

图 4.5　气体分布板实验结构及几何模型

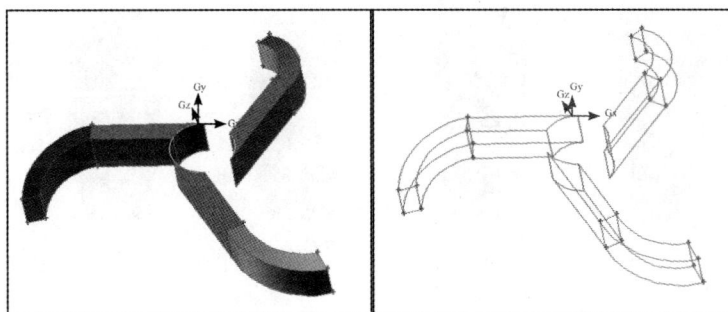

图 4.6　旋流臂结构及几何模型

2. 网格划分

数值计算的关键步骤在于网格划分，网格划分也是流场数值模拟的前处理过程，最终计算结果的精度会直接受到网格质量的影响。若网格质量较差，还有可能会导致最终计算结果出现严重的失真现象。通常而言，网格与流动呈一条直线时，数值耗散率最小，换而言之，误差最小。本书结合环流预汽提组合旋流快分系统内部流场的特性，选择六面体结构化网格。

与此同时，为了能够将内速度场分布的细节特征更加准确地反映出来，还需要选择合理的网格数。理论上来说，网格结构越小，模拟计算越精确，但是所带来的计算量也会增大。由于本书所建的几何模型未作任何简化，保持其几何尺寸与实验结构尺寸完全一致，且内部构件较多、结构较大，因此，考虑到计算机的计算能力及计算精确性，本书分别选择 $5\ mm\times5\ mm$、$10\ mm\times10\ mm$、$15\ mm\times15\ mm$、$20\ mm\times20\ mm$（均为轴向节点距离×径向节点距离）的六面体网格结构来划分计算区域，网格划分结果如图 4.7 所示。将模拟所得的 B 截面的无量纲切向速度与所测实验数据进行对比（喷出气速 $V_s=18\ m/s$），结果如图4.8 所示。

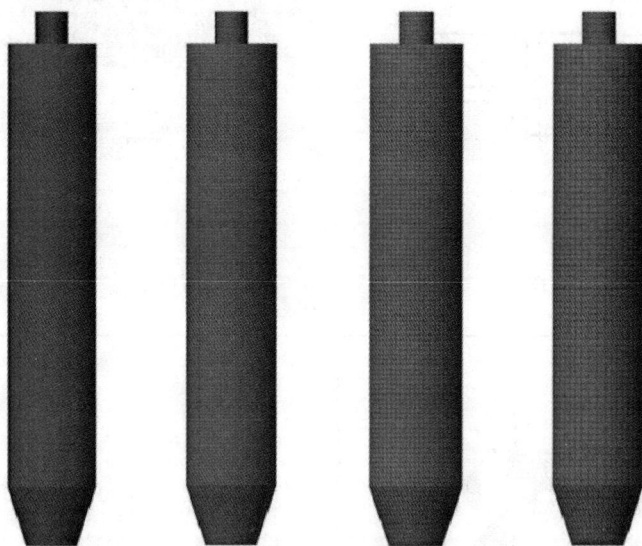

(a) 5 mm×5 mm　　(b) 10 mm×10 mm　　(c) 15 mm×15 mm　　(d) 20 mm×20 mm

图 4.7　不同网格尺寸下实验装置的网格结构示意图

由图 4.8 可知，环流预汽提组合旋流快分系统内速度场分布的细节特征能够被 $5\ mm\times5\ mm$ 的六面体网格更好地反映，因此，本书选择采用 $5\ mm\times5\ mm$ 的六面体结构化网格来划分环流预汽提组合旋流快分系统的主体部分，但结构复杂部分（如 CSVQS 系统快分旋流头等）采用结构与非结构混合的网格划分方法，整个几何模型共划分了 8 742 353 个网格。CSVQS 系统快分旋流头网格划分如图 4.9 所示，实验装置内部结构网格划分如图 4.10 所示。

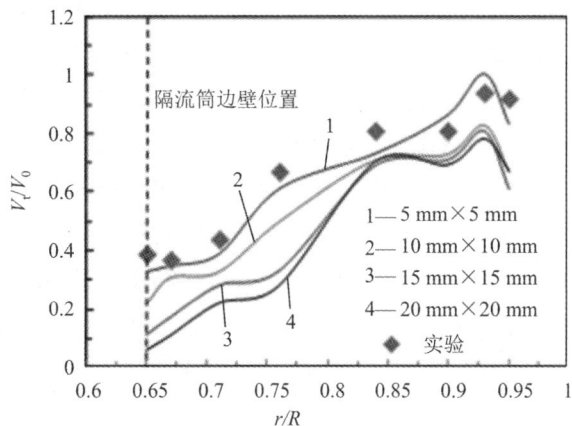

图 4.8　截面 B 无量纲切向速度

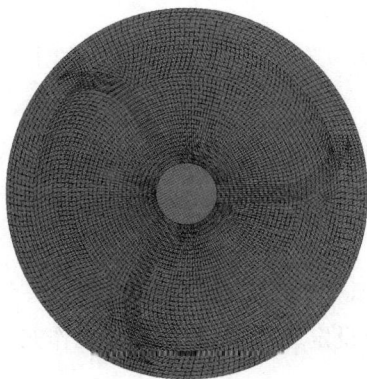

图 4.9　CSVQS 系统快分旋流头网格划分　　　图 4.10　实验装置内部结构网格划分

4.3.2 边界条件

1. 入口边界条件

气相模拟所采用的介质为常温空气，温度为 20 ℃，密度为 1.225 kg/m³，黏度为 1.7894×10⁻⁵ kg/(m·s)。准确的模拟结果的获得，离不开合理地设置入口边界条件，下游的流动状态会受到入口湍流情况的较大影响。全部的入口都统一定义为速度入口，假定入口处湍流已处于充分发展的状态，入口气流都垂直于入口截面，且入口气速均匀分布，提升管入口设定为速度入口，而入口速度通过旋流头喷出气速 $V_s = 18$ m/s 来进行换算。由于计算流场属于典型的湍流流场，因此，务必要对入口处的两个参数即 ε（湍流扩散率）和 k（湍动能）的分布情况予以明确。可利用 D_H（水力直径）和 I（湍流强度）来对入口处的 $\overline{v_i' v_j'}$ 和 ε 进行间接计算，假设湍流具有各向同性，其经验公式为

$$\overline{v_i' v_j'} = 0 \tag{4.23}$$

$$\overline{v_i'^2} = \frac{2}{3k} \tag{4.24}$$

$$\varepsilon = \frac{C_\mu^{0.75} k^{1.5}}{l} \tag{4.25}$$

式中：C_μ 为经验常数，约为 0.09；l 为湍流特征尺度。

k 和 l 可由近似公式得到，即

$$k = \frac{3(v_i I)^2}{2} \tag{4.26}$$

$$l = 0.08 D_H \tag{4.27}$$

式中：v_i 为入口气速，kg/m³；I 为湍流强度，取 0.05；D_H 为入口截面的水力直径，mm。

其中，入口截面的水力直径 D_H 为

$$D_H = 4 \times \frac{\text{入口宽度} \times \text{入口长度}}{2 \times (\text{入口宽度} + \text{入口长度})} \tag{4.28}$$

2. 出口边界条件

我们用出流(outflow)来定义气相出口，由于整个环流预汽提组合旋流快分系统实验装置的气相出口只有一个，因此，将流出量的权重设定为 1，将气相出口视作充分发展的管流条件，即气相出口截面法向上的全部变量梯度均为零，也就是 $\frac{\partial \varphi}{\partial z} = 0$（$\varphi$ 表示任意变量）。压力出口为环流预汽提组合旋流快分系统沉降器顶部出口，出口压力为标准大气压。

3. 壁面边界条件

如前所述，本书在环流预汽提组合旋流快分系统气相的数值模拟计算时，采用 RSM 来作为湍流模型，但 RSM 属于典型的高雷诺数模型，主要适用于湍流核心区域。由于分子黏性的作用，湍流脉动在固体壁面附近区域基本不会受到雷诺数、阻尼的影响，所以，雷诺应力方程难以适应。鉴于此，近壁面区域的壁面在计算过程中考虑为无滑移界面，壁面的粗糙度不用考虑，且采用标准壁面函数法来进行计算。

标准壁面函数法所使用的半经验公式及函数公式主要来自两大部分。第一部分为"平均速度的壁面法则"，对 Γ_u 参数（近壁面区域单元处的扩散系数）进行确定乃是关键。第二部分为"近壁处湍流量的计算公式"，基于 Spalding 和 Launder 的研究结果来看，如图 4.11 所示，假定近壁处 p 点的无量纲速度遵循对数分布规律，并且还将湍流脉动所产生的影响加入其中，那么可得如下公式：

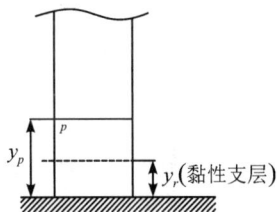

图 4.11　壁面附近区域

$$v_p^+ = \frac{1}{K_1}\ln(Ey_p^+) \tag{4.29}$$

$$u_p^+ = \frac{u_p\,(C_\mu^{1/4}k_p^{1/2})}{\tau_w/\rho} \tag{4.30}$$

$$y_p^+ = \frac{y_p\,(C_\mu^{1/4}k_p^{1/2})}{\mu} \tag{4.31}$$

$$\tau_w = \Gamma_u\,\frac{v_p - v_w}{y_p} \tag{4.32}$$

式中：v_p^+ 为 p 点处流体的近似平均速度，m/s；K_1 为冯·卡门常数，其值为 0.4；常数 $E=9.0$；y_p^+ 为壁面与点之间的近似法向距离，m；u_p^+ 为壁面与 p 点之间的近似切向距离，m；u_p 为壁面与点之间的切向距离，m；常数 $C_\mu=0.09$；k_p 为 p 点处的湍流脉动动能，J；τ_w 为壁面上的切应力，N；ρ 为快分入口气固混合物密度，kg/m³；y_p 为壁面与 p 点之间的法向距离，m；μ 为运动黏性系数；v_p 为 p 点处流体的平均速度，m/s；v_w 为 p 点处流体的初始速度，m/s。

由式（4.29）～式（4.32）可得

$$\Gamma_u = \mu\,\frac{y_p^+}{v_p^+} \tag{4.33}$$

即可获得壁面函数与 p 点之间的扩散系数 Γ_u。

p 点的 ε 值可通过下式来计算：

$$\varepsilon_p = \frac{C_\mu^{3/4}k_p^{3/2}}{K_1 y_p} \tag{4.34}$$

而 k_p 仍然可利用 k 方程来对 p 点的 k 值进行计算，但是与向壁面的扩散相比，p 点为中心的控制容积中 k 的产生与耗散都明显更大，所以，可取

$$\left.\frac{\partial k}{\partial y}\right|_{\text{wall}} = 0 \tag{4.35}$$

在对 k_p 进行计算的过程中，k 方程的 $\rho\varepsilon$（耗散项）与 G（生成项）均可取控制容积中的平均值，即

$$G = \frac{1}{y_p}\int_{y_r}^{y_p} G\,\mathrm{d}y = \frac{1}{y_p}\int_{y_r}^{y_p} \tau_w \frac{\partial v}{\partial y}\,\mathrm{d}y = \frac{\tau_w}{y_p}(v_p - v_r) \approx \frac{v_w}{y_p} \tag{4.36}$$

$$\varepsilon = \frac{1}{y_p}\int_0^{y_p} \varepsilon\,\mathrm{d}y = \frac{C_\mu^{3/4} k_p^{3/2}}{K_1 y_p} \cdot \ln(E y_p^+) \tag{4.37}$$

式中，y_p^+ 的取值范围为 $11.5\sim400$。

由于假设局部平衡，且严格遵循对数法则，因此可忽略对流扩散项，采用下式来选取近壁处的雷诺应力，即

$$\frac{\overline{v'_\tau v'_\tau}}{k} = 1.098,\ \frac{\overline{v'_n v'_n}}{k} = 0.247,\ \frac{\overline{v'_\lambda v'_\lambda}}{k} = 0.655,\ \frac{\overline{v'_\tau v'_n}}{k} = 0.255 \tag{4.38}$$

式中，下标 λ、n、τ 分别为轴向坐标、径向坐标、切向坐标；v'_λ、v'_n、v'_τ 分别为轴向速度、径向速度、切向速度。

4.3.3　计算结果的可靠性验证

为了能够对本模型计算结果的准确性进行验证，下面对比了环流预汽提组合旋流快分系统内 B、C、D 截面处气体流场的实验结果与计算结果。切向速度、轴向速度、径向速度的模拟结果如图 4.12～图 4.14 所示，由图可知，环流预汽提组合旋流快分系统内气体流场的实验结果与模拟计算结果具有较好的吻合度，虽然二者存在着一定的误差，但切向速度、轴向速度、径向速度的径向分布曲线形态基本类似，误差处于可接受范围。相对而言，径向速度的实验结果与模拟结果的误差相对稍大，主要在于径向速度在三个速度中量级最小，且用五孔探针很难精确测出。考虑到环流预汽提组合旋流快分系统内部湍流流动的复杂性，实验结果与模拟计算结果之间的误差可接受，说明雷诺应力方程模型的预报精度较高，能够对环流预汽提组合旋流快分系统内轴向速度、切向速度、径向速度的分布特征进行准确的预报，所以，可利用雷诺应力方程模型来分析和预测环流预汽提组合旋流快分系统流场。但值得注意的是，实验结果与模拟计算结果存在一定误差的主要原因在于：由于实验条件有限，本实验仍然采用智能型五孔探针系统来测量流场，而五孔探针对于复杂流场的测试非常困难，耗时耗力、动态响应性较差，而且数据准确度低，影响到了实验结果的精准度，建议后面采用激光非接触测量方法（如激光多普勒测速仪等）。

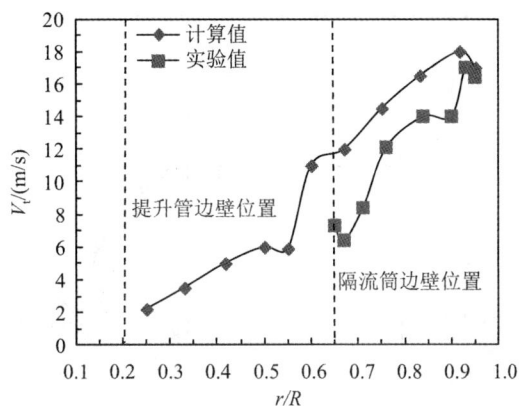

(a) 截面B

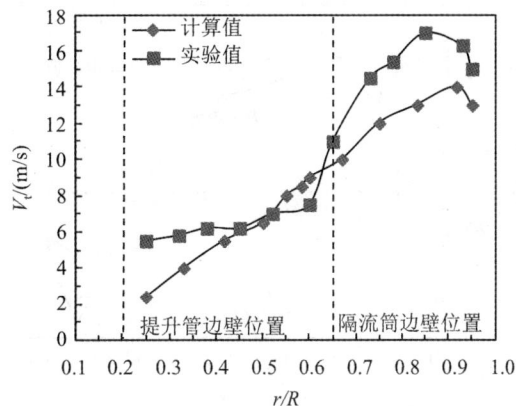

(b) 截面C

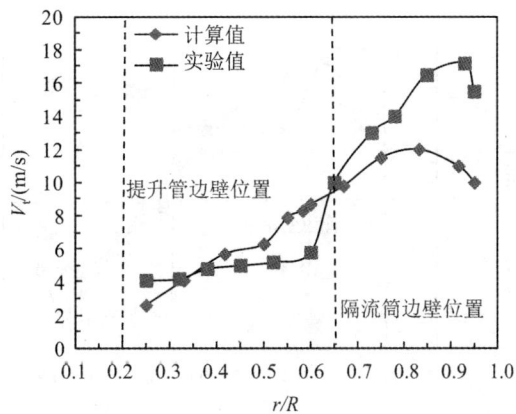

(c) 截面D

图 4.12　切向速度的计算值与实验值比较($V_s = 18$ m/s)

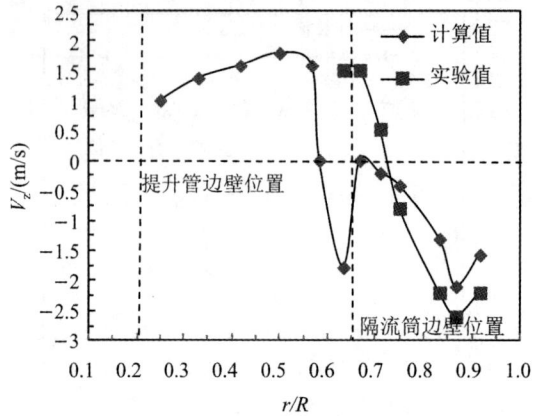

(a) 截面B

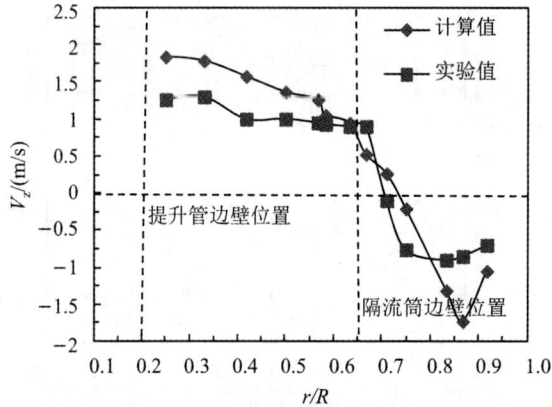

(b) 截面C

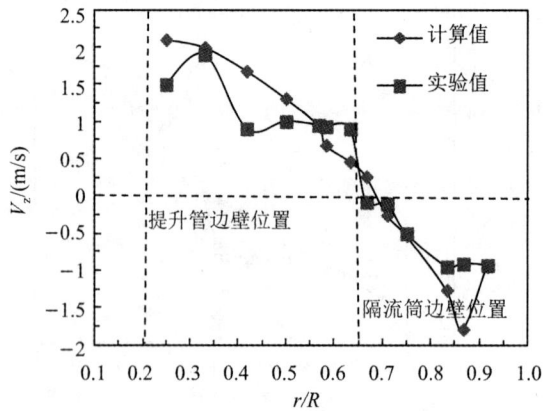

(c) 截面D

图 4.13　轴向速度的计算值与实验值比较($V_s = 18$ m/s)

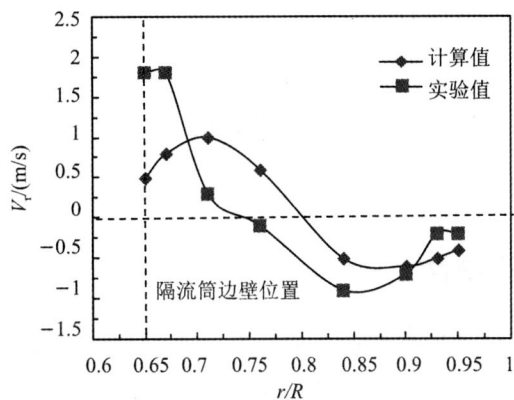

(a) 截面B

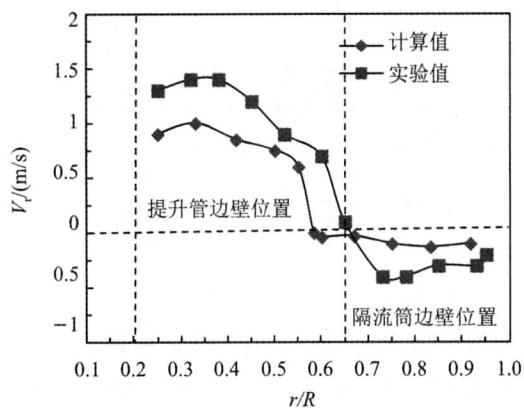

(b) 截面C

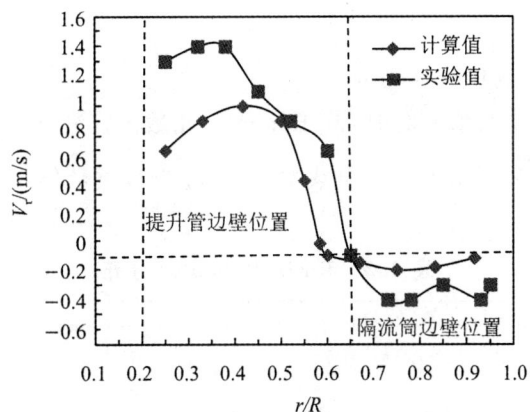

(c) 截面D

图 4.14　径向速度的计算值与实验值比较($V_s = 18$ m/s)

4.4 气固两相模型的验证

4.4.1 设置材料及物性

在气固两相模拟时，气相所采用的介质仍然为常温空气，与单相气相设置完全相同，即温度为 20 ℃，密度为 1.225 kg/m³，黏度为 1.7894×10⁻⁵ kg/(m·s)。颗粒相采用颗粒密度为 1450 kg/m³ 的 FCC 平衡剂，假定固体颗粒均为球形，那么模拟时可采用均一粒径颗粒，粒径分布参见表 4.2。

表 4.2　颗粒粒径分布

粒径范围/μm	0～10	10～15	15～35	35～57	57～80	80～103	103～260
体积分数	0	10%	15%	25%	25%	15%	10%

固体颗粒的粒径分布情况可采用 Rosin-Rammler 分布法来模拟，Rosin-Rammler 分布法将固体颗粒全部的粒径范围均分为若干个离散的尺寸组，每个尺寸组由一个组射流源中的颗粒流来代表，并且假设颗粒质量分数 Y_d 与颗粒粒径 d 之间存在着一定的指数关系，即

$$Y_d = e^{-(d/\bar{d})^n} \tag{4.39}$$

式中：n 为分布指数，$\bar{d}$ 为中位径(μm)。

可通过粒径分布的实验值来对 Rosin-Rammler 指数方程进行拟合，以此来准确地确定出 n、$\bar{d}$ 的数值。Rosin-Rammler 分布如表 4.3 所示，颗粒质量分数与粒径的关系如图 4.15 所示。

表 4.3　Rosin-Rammler 分布

直径 d/μm	10	15	35	57	80	103
直径大于 d 的颗粒质量分数	100%	90%	75%	50%	25%	10%

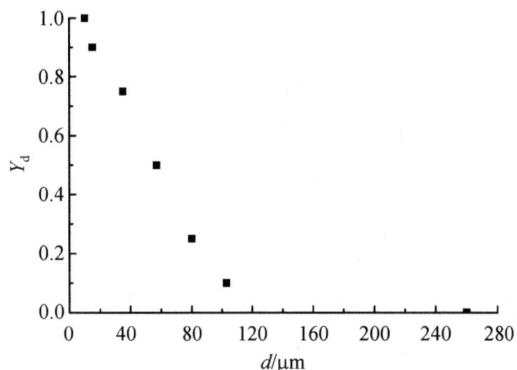

图 4.15　颗粒质量分数 Y_d 与粒径 d 的关系图

由 Rosin-Rammler 指数方程式(4.39)可知，若 $d = \bar{d}$，则 $Y_d = e^{-1} = 0.368$。再根据图 4.16 得到，当 $Y_d = 0.368$ 时，$\bar{d} = 16.2\ \mu m$。由式(4.39)还可以得到：

$$n = \frac{\ln(-\ln Y_d)}{\ln(d/\bar{d})} \tag{4.40}$$

将相应数据代入式(4.40)，可以算出 n 的平均值为 1.3965。用 Rosin-Rammler 分布来拟合实测颗粒粒径分布，结果如图 4.16 所示，由图可知，实验值与拟合值曲线具有较好的吻合度。

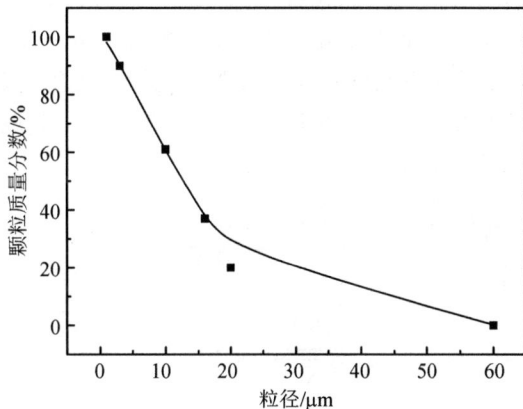

图 4.16　用 Rosin-Rammler 分布拟合实测颗粒粒径分布

4.4.2　设置两相边界条件

气固两相模拟中关于气相边界条件的设置同 4.3.2 节，但是颗粒相边界条件的设置却存在着较大的差异。

（1）入口处：采用平面射流源的方式来释放固体颗粒，颗粒流的初始位置即为入口面，固体颗粒均匀地从入口面入射到环流预汽提组合旋流快分系统内。由于固体颗粒进入环流预汽提组合旋流快分系统时就已有较佳的跟随性，因此，颗粒的入口速度与气相相同，并且气体和固体颗粒之间还存在着一定的滑移速度，假定固体颗粒在运动时不存在旋转、相互碰撞等情况。

（2）壁面处：设置为反射即 reflect，假定当固体颗粒运动到壁面时，就会与壁面出现弹性碰撞现象，可通过恢复系数来确定固体颗粒的动量变化。

（3）颗粒相出口处：设置为捕集即 trap，假定一旦有固体颗粒运动到颗粒相出口面，就会出现颗粒完全捕集的现象，这种情况下就停止跟踪颗粒运动。

（4）气相出口处：设置为逃逸即 escape，假定当固体颗粒运动到气相出口面时，就认为固体颗粒已经不能再被捕集，已经完全逃逸出环流预汽提组合旋流快分系统。

4.4.3　计算结果的可靠性验证

1. 分离效率

通常而言，分离效率的计算方法有两种：第一，选择逃逸的颗粒数（逃逸面为气相出口面）与释放的总颗粒数（释放面为气固两相入口面）的比值大小；第二，选择捕集到的颗粒数（捕集面为颗粒相出口面）与释放的总颗粒数（释放面为气固两相入口面）的比值大小。本书选择第一种计算方法。分级效率是指环流预汽提组合旋流快分系统对于某一粒径颗粒的分离效率。与总效率相比，分级效率能够更好地表明环流预汽提组合旋流快分系统的分离性能。本节从入口均匀喷射了若干个不同粒径（d_i）的颗粒，以此来获得颗粒的分级效率，进而能够求得分离效率。分级效率 $\eta(d_i)$ 的计算公式为

$$\eta(d_i) = \frac{n_{ic}}{n_{if}} \times 100\% = \frac{n_{if} - n_{ie}}{n_{if}} \times 100\% \tag{4.41}$$

分离效率 η 的计算公式为

$$\eta = \frac{\sum n_{ic}}{\sum n_{if}} \times 100\% \tag{4.42}$$

式中：n_{ic} 为从颗粒相出口面捕集到的颗粒数；n_{if} 为从气固两相入口面释放的颗粒数；n_{ie} 为从气相出口面逃逸的颗粒数。

值得注意的是，分离效率精度与从气固两相入口面释放的颗粒数存在着较大的正比关系。

本书以旋流头喷出气速 $V_s = 18 \text{ m/s}$、入口颗粒浓度 $C_i = 0.5 \text{ kg/m}^3$ 为基准来计算环流预汽提组合旋流快分系统的分离效率，见表 4.4。

表 4.4 模拟所得的分离效率和总效率

$d_i/\mu m$	15	35	55	80	100	200
$\eta/\%$	85.42	90.49	98.28	99.45	99.93	100
总效率			96.39			

而在同样的参数条件下实验所获得的总效率为 99.36%，实验值与模拟值之间的平均相对误差为

$$\frac{0.9936 - 0.9639}{0.9936} \times 100\% = 2.99\% \tag{4.43}$$

由此可见，实验值与模拟值之间的平均相对误差较小，处于可接受范围。下面通过数值模拟来进一步计算环流预汽提组合旋流快分系统在不同旋流头喷出气速下的分离效率，将其与实验值进行对比，结果如图 4.17 所示。图 4.17 中的实验值是通过由实测值所拟合出来的公式计算得到的[23]，该公式如下：

$$\eta = 98.9153 \left(\frac{d_i u_i \rho_g}{\mu_g}\right)^{0.0079} \left(\frac{\rho_p}{C_i}\right)^{-0.0071} \tag{4.44}$$

式中：η 为分离效率；d_i 为颗粒粒径，μm；u_i 为气体在 x 轴方向的时均速度，m/s；ρ_g 为空气密度，kg/m^3；μ_g 为空气黏度，$Pa \cdot s$；ρ_p 为颗粒相密度，kg/m^3；C_i 为入口颗粒浓度，kg/m^3。

由图 4.17 可知，在不同的旋流头喷出气速下，模拟计算所得的分离效率与实验结果基本吻合，平均相对误差低于 5%。由此可见，环流预汽提组合旋流快分系统的分离效率通过双流体模型（Euler-Euler 模型）来进行模拟计算是可行的。

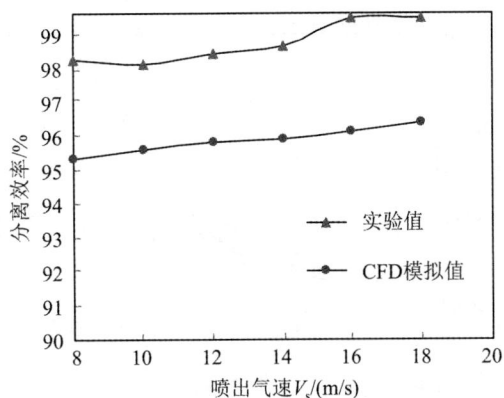

图 4.17 模拟与实验得到的分离效率对比曲线

式(4.44)是通过对入口颗料浓度 C_i、旋流头喷出气速 V_s 进行改变而获得的，模拟与实验得到的环流预汽提组合旋流快分系统分级效率如图 4.18 所示，由图可知，当颗粒的粒

径增大到 69 μm 之后，模拟计算所得的分级效率与实测值基本吻合，都表现为：随着粒径的逐步增大，分级效率都出现了一定程度的增长，但粒径大于 69 μm 增长幅度较为平缓。由此可见，式(4.44)在对粒径大于 69 μm 的固体颗粒分级效率进行计算时，能够取得较为可靠的结果。

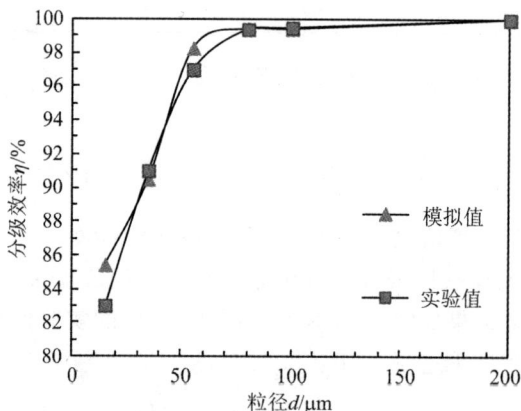

图 4.18　模拟与实验得到的环流预汽提组合旋流快分系统分级效率

2. 压降

压降也是衡量环流预汽提组合旋流快分系统分离性能的主要参数之一，环流预汽提组合旋流快分系统压降模拟值和实验值的对比如图 4.19 所示。由图可知：模拟计算所得的压降与实验结果基本吻合，且平均相对误差均低于 5%，属于可接受的范围。

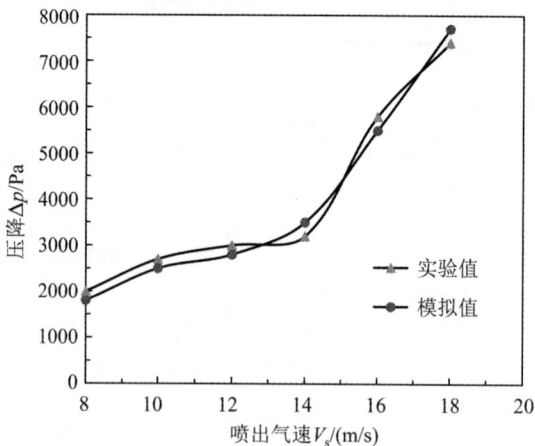

图 4.19　环流预汽提组合旋流快分系统压降模拟值和实验值的对比

4.5　本章小结

本章主要介绍了环流预汽提组合旋流快分系统流场及性能数值模拟方法的确立，讨论了气相和气固两相的数值模拟计算方法，建立了基本守恒方程组，并且还验证了气相模型与气固两相模型。通过讨论，可得到以下新的认识：

（1）在气相的数值模拟计算时，选择控制容积积分法来建立离散方程，湍流模型采用 RSM，压力与速度的耦合算法采用 SIMPLE 算法，湍流扩散率方程、湍动能方程、动量方程都采用 QUICK 差分格式来予以离散。在气固两相的数值模拟计算时，气固两相基本控制方程采用双流体模型（Euler-Euler 模型），由颗粒动力学理论来封闭颗粒相压力、颗粒黏度，而曳力模型则采用基于结构的 EMMS 曳力模型。

（2）采用 ANSYS DM(Design Model)建模，为了准确反映环流预汽提组合旋流快分系统内部实际的流场情况，对几何模型未作任何简化，而是保持其几何尺寸与实验结构尺寸完全一致。

（3）在气相的数值模拟计算时，入口边界条件设置为：气相模拟所采用的介质为常温空气，全部的入口都统一定义为速度入口，假定入口处湍流已处于充分发展的状态，入口气流都垂直于入口截面，且入口气速均匀分布，提升管入口设定为速度入口，而入口速度通过旋流头喷出气速 18 m/s 来进行换算。出口边界条件设置为：压力出口为环流预汽提组合旋流快分系统沉降器顶部出口，出口压力为标准大气压。壁面边界条件设置为：近壁面区域的壁面在计算过程中考虑为无滑移界面，壁面的粗糙度不用考虑，且采用标准壁面函数法来进行计算。

（4）环流预汽提组合旋流快分系统内气体流场的实验结果与模拟计算结果具有较高的吻合度，由此可见，雷诺应力方程模型的预报精度较高，能够对环流预汽提组合旋流快分系统内轴向速度、切向速度、径向速度的分布特征进行准确的预报，所以，可利用雷诺应力方程模型来分析和预测环流预汽提组合旋流快分系统的流场。

（5）在不同的旋流头喷出气速下，模拟计算所得的分离效率与实验结果基本吻合，平均相对误差均低于 5%。由此可见，环流预汽提组合旋流快分系统的分离效率通过双流体模型（Euler-Euler 模型）来进行模拟计算是可行的。与此同时，模拟计算所得的压降与实验结果基本吻合，且平均相对误差均低于 5%，属于可接受的范围。

第 5 章

环流预汽提组合旋流快分系统
气相流动特性的模拟研究

5.1 无颗粒时的气相流场

5.1.1 整体气相流场

环流预汽提组合旋流快分系统内气体迹线图如图 5.1 所示，不同气体的迹线图如图

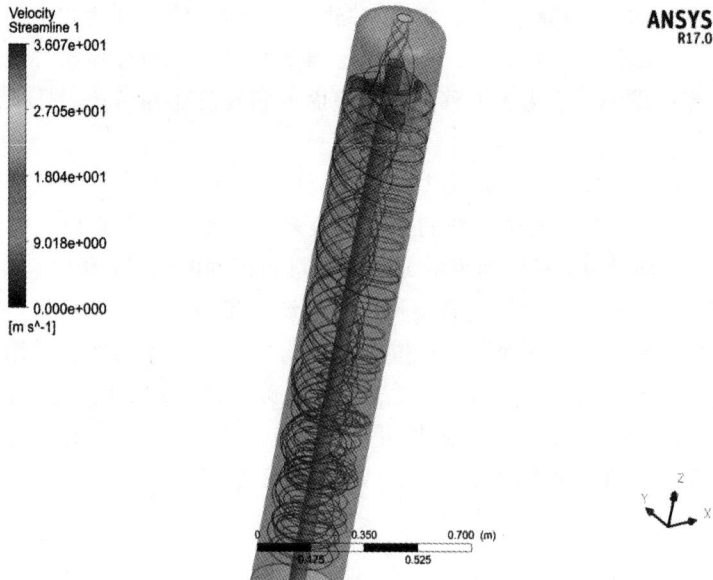

图 5.1 环流预汽提组合旋流快分系统内气体迹线图

5.2 所示。由图可知，由旋流头喷出的气体会沿着封闭罩内壁做旋转下行运动，在封闭罩内做强烈的旋转运动，待下行到封闭罩底部锥筒之后，气体又会折转向上旋转上行，最终从沉降器顶部出口中引出。气体即便是运动到锥筒的下部位置，仍然具有一定的旋转动能，但这种旋转动能仅仅只能增大环流预汽提组合旋流快分系统的压降及能量损失。

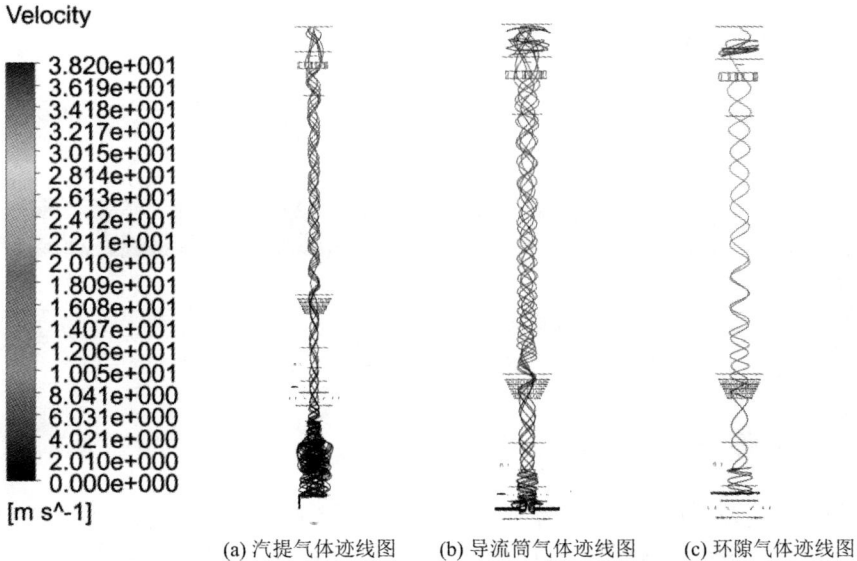

(a) 汽提气体迹线图　　(b) 导流筒气体迹线图　　(c) 环隙气体迹线图

图 5.2　环流预汽提组合旋流快分系统内不同气体的迹线图

环流预汽提组合旋流快分系统整体中心横截面气相速度矢量图如图 5.3 所示，气相速

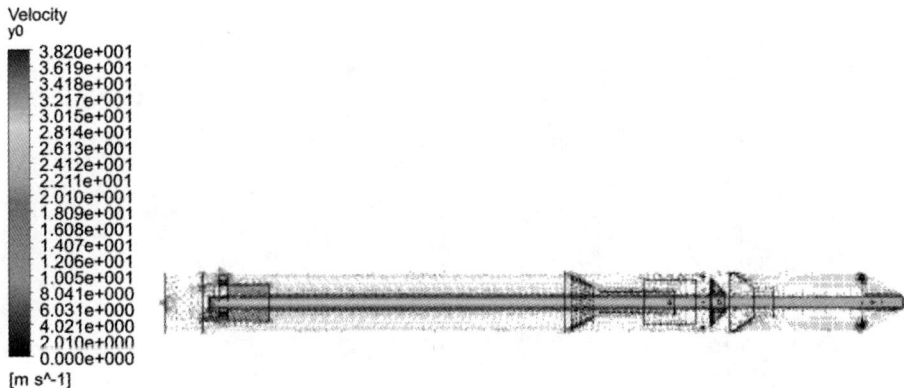

图 5.3　环流预汽提组合旋流快分系统整体中心横截面气相速度矢量图

度云图如图 5.4 所示，在提升管的轴线方向上，气相速度随轴向高度的下降而逐渐降低，在锥筒上方，颗粒在离心力的作用下被甩到壁面；颗粒下行至挡板后气相速度出现陡降，气流对颗粒的影响较小，使颗粒可以沿壁面在重力的作用下平稳沉降。

图 5.4　环流预汽提组合旋流快分系统整体中心横截面气相速度云图

5.1.2　喷出段气相流场

环流预汽提组合旋流快分系统喷口中心水平截面处的速度分布图如图 5.5 所示，由图可知：喷口中心水平截面处的速度呈现出较为明显的轴对称分布情况，由旋流头喷口喷出的气

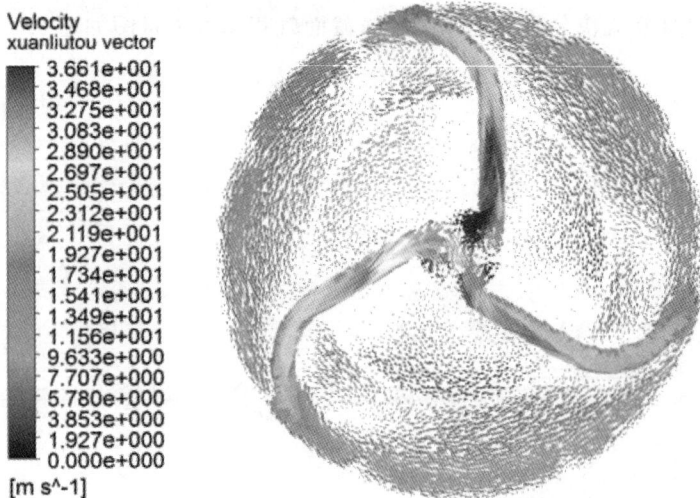

图 5.5　环流预汽提组合旋流快分系统喷口中心水平截面处的速度分布图

体会在上部环形盖板与隔流筒的制约下，沿着封闭罩内壁做强旋流动；与此同时，喷出的气体也会对旋流臂不断地碰撞，这样一来，就会在隔流筒两侧靠近旋流臂处形成三个旋涡。

　　旋流头喷口附近区域的气相速度矢量图如图 5.6 所示，图中分别列出了 0°、15°、30°、45°、60°、75°、90°方位截面上的气相速度矢量图。由图可知：由旋流头喷口喷出的气体，虽然一部分会以一定的上行速度沿着封闭罩内壁直接上行，但会在上部环形盖板与喷口之间形成环流，这样就能够避免出现"颗粒还未分离就直接被带入上行流"的问题，消除了"短路流"现象，能够有效地实现固体颗粒与油气之间的迅速分离，有利于分离效率的提高。但值得注意的是，上行轴向速度还是较大，不利于进一步分离细颗粒，故有待优化。

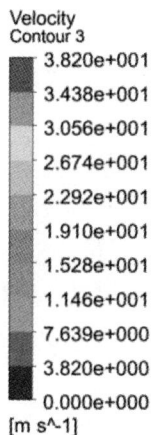
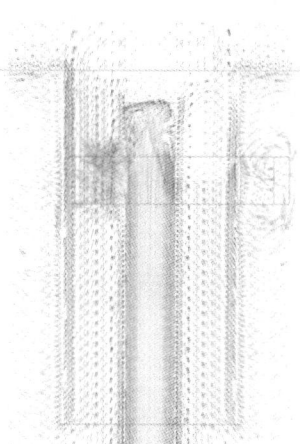
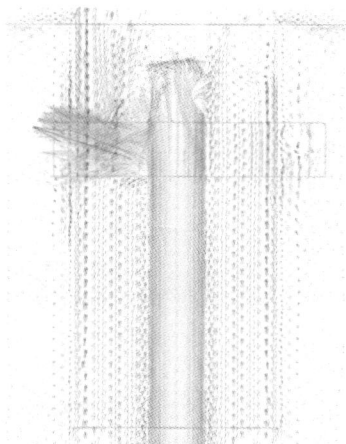

(a) 0°　　　　　　　　　　　　　　　　(b) 15°

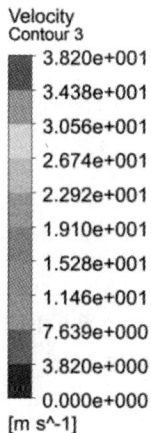

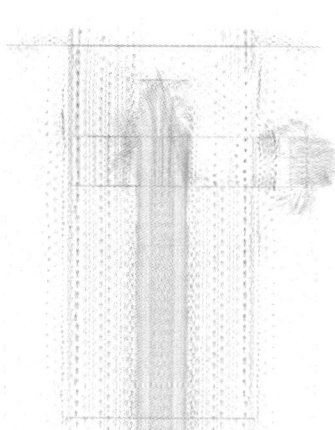

(c) 30°　　　　　　　　　　　　　　　　(d) 45°

(e) 60°　　　　　　　　　　　　　　　　(f) 75°

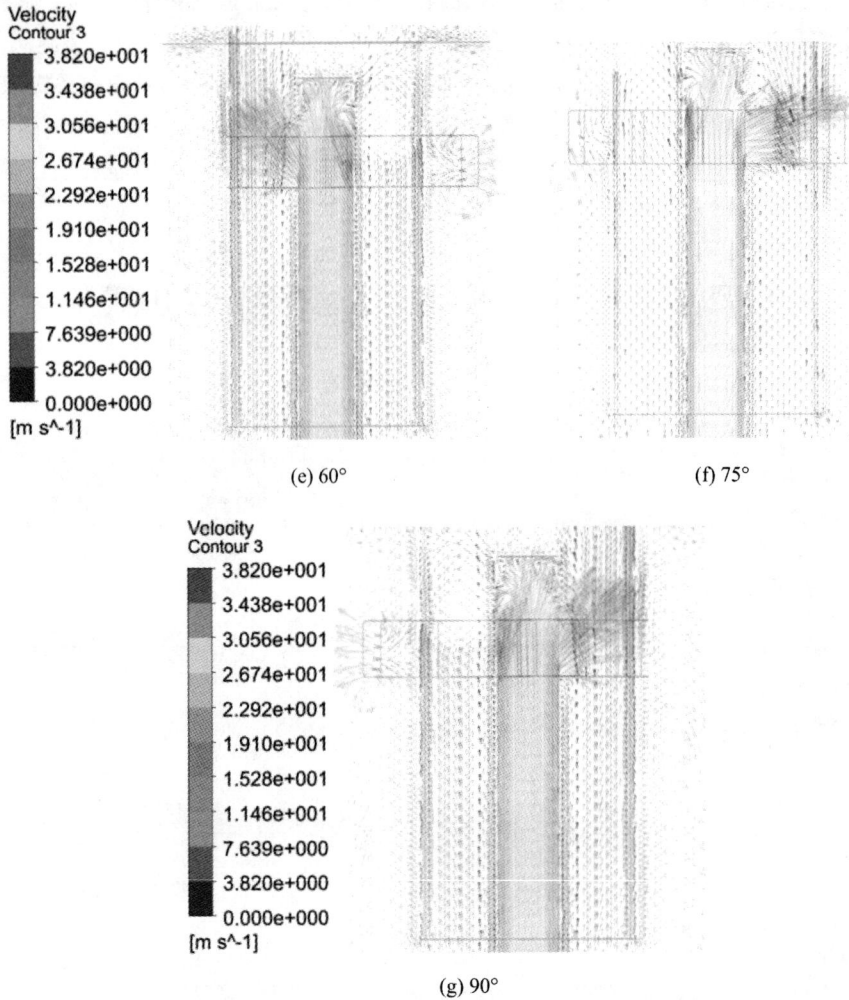

(g) 90°

图 5.6　旋流头喷口附近区域的气相速度矢量图

5.1.3　分离段气相流场

分离段对于固体颗粒与油气的分离极为重要，为了能够更好地反映出分离段内的气相流场，下面选取了 C、D、E、F 四个截面进行分析，四个截面的速度矢量图如图 5.7～图 5.10 所示，整个分离段的速度矢量图如图 5.11 所示。

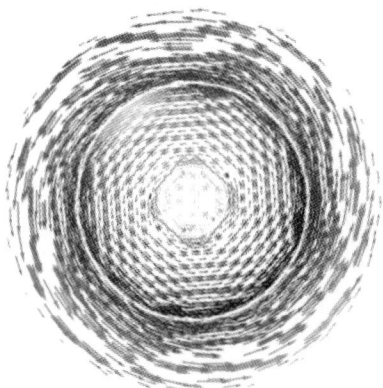

图 5.7　截面 C 的速度矢量图　　　　　　图 5.8　截面 D 的速度矢量图

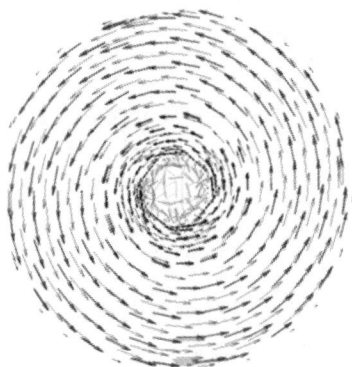

图 5.9　截面 E 的速度矢量图　　　　　　图 5.10　截面 F 的速度矢量图

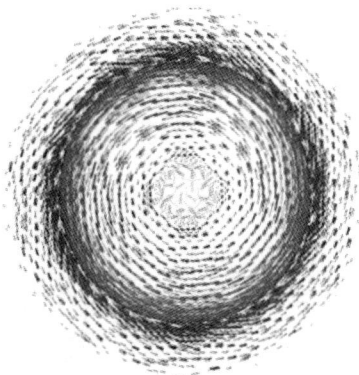

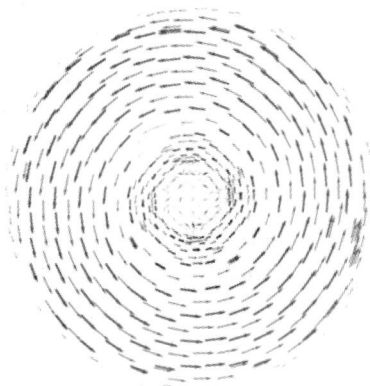

　　截面 C、D 的三维速度分布图如图 5.12 所示，由图 5.12(a)可以看出：分离段各截面的切向速度主要由内旋流区(靠近提升管外壁一侧的准强制涡)与外旋流区(靠近封闭罩内壁一侧的准自由涡)组成。在外旋流区，切向速度随着无量纲径向位置的增大而减小；在内旋流区，切向速度随着无量纲径向位置的增大而增大，最大的切向速度出现在内旋流区与外旋流区的交界处。

　　由图 5.12(b)可以看出，分离段各截面的轴向速度变化趋势较为相似：由旋流头喷口喷出的气体会沿着封闭罩内壁做旋转下行运动，待下行到封闭罩底部之后，气体又会折转向上旋转上行，形成上行流，实验结果与模拟结果有着较佳的吻合性。与此同时，分离段内

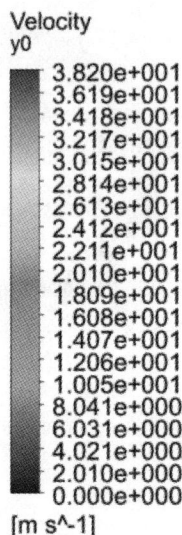

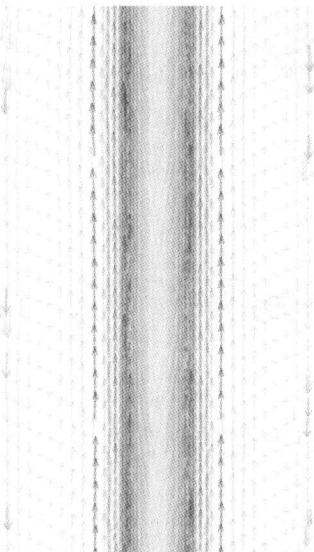

图 5.11 分离段的速度矢量图

上、下行流分界点的径向位置也基本吻合。值得注意的是，截面 C、D 下行流区的轴向速度的实验值要略小于模拟值，主要原因在于模型考虑了湍流的各向异性。

由图 5.12(c)可以看出，分离段各截面的径向速度主要由向心流(靠近封闭罩内壁)与离心流(靠近提升管边壁)组成，环流预汽提组合旋流快分系统分离段内径向速度的方向基本均沿径向向外，这样一来，能够更好地促进固体颗粒朝着封闭罩内壁方向抛甩，便于固体颗粒与油气的分离。当气体到达挡板处后，由于挡板的影响而导致一些气体出现了较为明显的向心运动，而后便由下行流转为上行流。

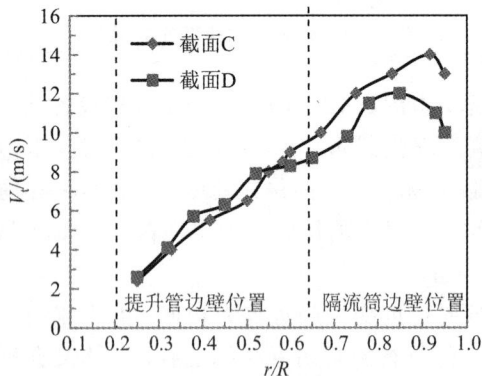

(a) 切向速度分布曲线

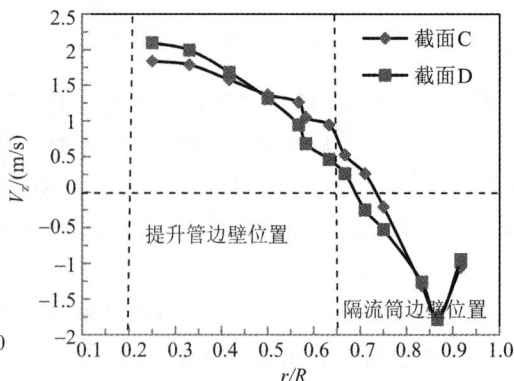

(b) 轴向速度分布曲线

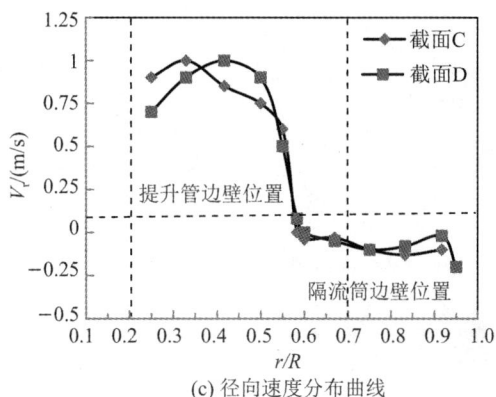

(c) 径向速度分布曲线

图 5.12 截面 C、D 的三维速度分布图

5.1.4 引出段气相流场

引出段的速度矢量图如图 5.13 所示，隔流盖板处的速度矢量图如图 5.14(a)所示，截面 A 的速度矢量图如图 5.14(b)所示。由图可知：引出段气体的切向速度较小，径向速度基本都是向心流，且数值较小；气体经过环形空间（提升管与隔流筒之间）向上运动时，由于突然进入突扩段，在隔流盖板的影响之下，气体就会在隔流盖板的上方形成三个纵向涡流（如图 5.13 中所示），而后气体进入到上部引出空间后，三个纵向涡流逐步消失，气体变为均匀的离心流动（如图 5.14 所示）。

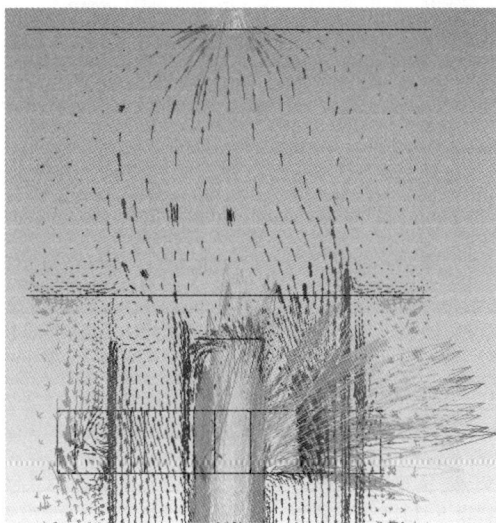

图 5.13 引出段的速度矢量图

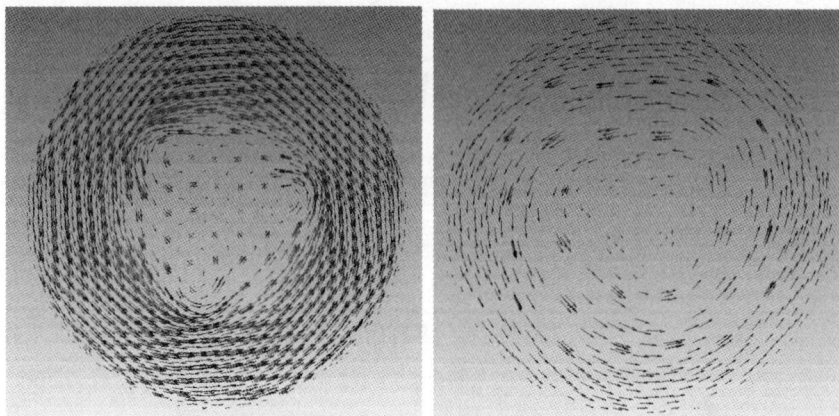

(a) 隔流盖板处的速度矢量图　　　　　　(b) 截面A的速度矢量图

图 5.14　隔离盖板处和截面 A 的速度矢量图

5.1.5　沉降段气相流场

　　沉降段是指锥筒以下的空间，预汽提段的速度矢量图如图 5.15 所示，沉降段内气体分布器及气体分布板中心截面的速度矢量图如图 5.16 所示。为了能够掌握沉降段内三维速度分布情况，选取沉降段内的两个截面，分别为 $Z = -0.5$ m 和 $Z = -1$ m(注："$-$"是指锥筒下方区域，后同)，其三维速度分布曲线分别如图 5.17 和图 5.18 所示。

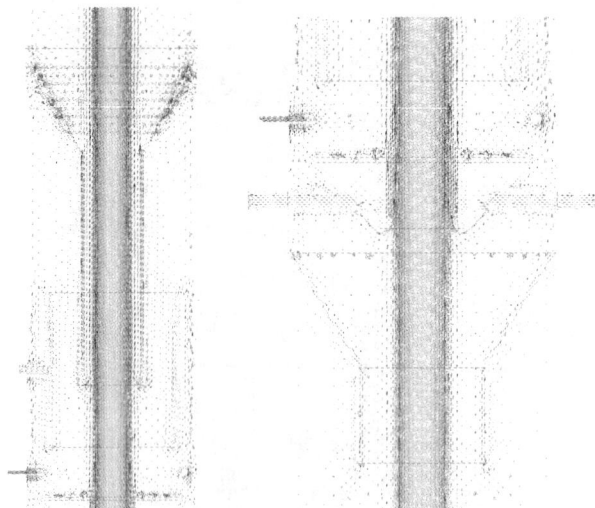

(a) 预汽提段上部的速度矢量图　　(b) 预汽提段下部的速度矢量图

图 5.15　预汽提段的速度矢量图

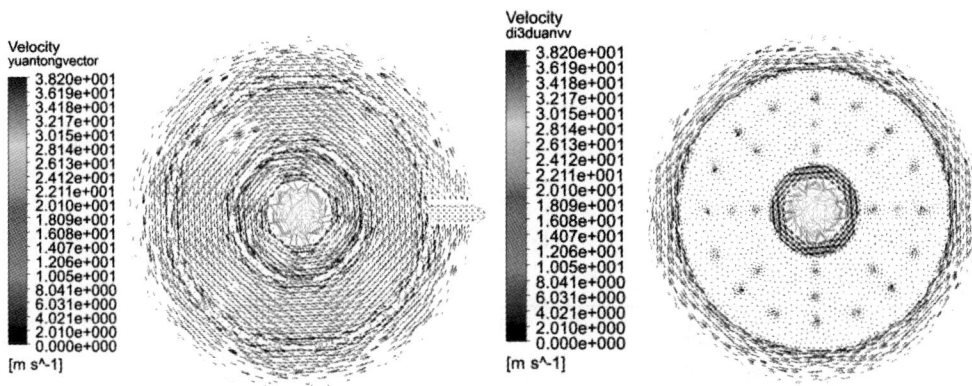

(a) 气体分布器中心截面　　　　　　　　(b) 气体分布板中心截面

图 5.16　沉降段内气体分布器及气体分布板中心截面的速度矢量图

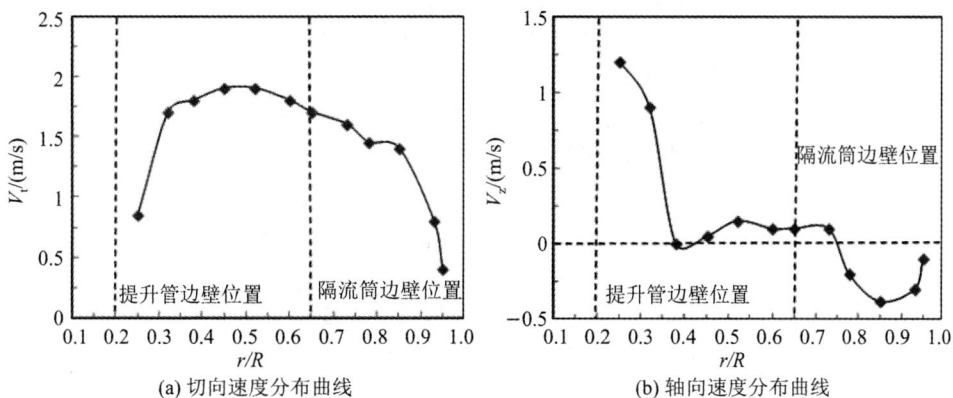

(a) 切向速度分布曲线　　　　　　　　　(b) 轴向速度分布曲线

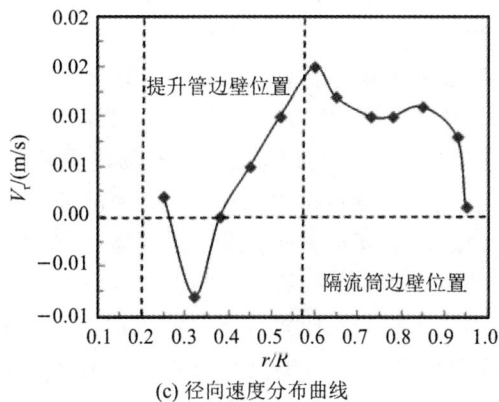

(c) 径向速度分布曲线

图 5.17　沉降段内三维速度分布曲线(Z——0.5 m)

(a) 切向速度分布曲线

(b) 轴向速度分布曲线

(c) 径向速度分布曲线

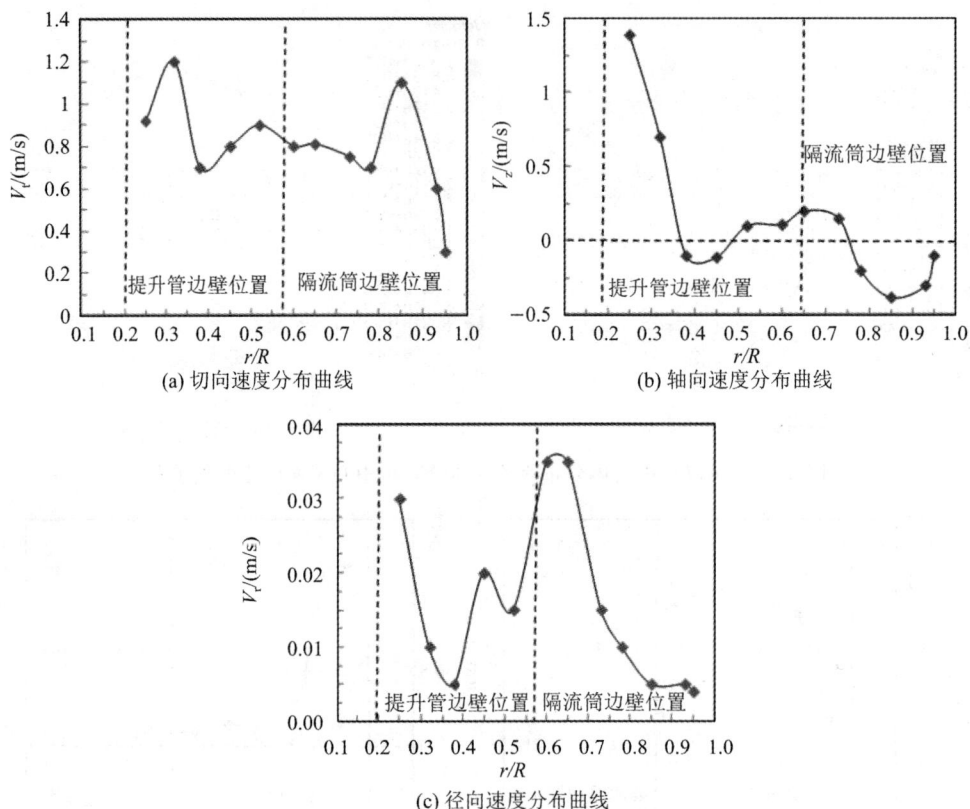

图 5.18　沉降段内三维速度分布曲线（$Z = -1$ m）

由图可知，沉降段气体的切向速度值较小。一部分气体在挡板的影响下沿着挡板斜下行，一段时间之后再由下行流转为上行流；而挡板处有较多的小孔，其他气体就会穿过挡板上的小孔，并且还会在转折处出现一些离心流，这无疑有利于二次再分离夹带的固体颗粒，然后，气体再沿着挡板斜边下行。值得注意的是，由于有较大的离心径向速度存在于裙边与挡板之间的交界处，因此，在裙边与挡板之间就较易出现旋涡。

那些已经穿过挡板小孔的气体到达裙边底部之后，一部分气体就会保持上行的流动趋势，直接进入提升管与裙边之间的环形空间；而其他气体会继续下行的流动趋势，直到封闭罩底部之后再改变流动方向，变为上行的流动趋势，待与直接进入环形空间的那部分气体相遇之后，就会强迫一些气体朝着封闭罩内壁一侧方向运动，这样一来，就会有纵向旋涡出现在裙边底部。值得注意的是，纵向旋涡会对快速引出挡板下方气体造成阻碍，为了避免出现油气滞留的现象，可将汽提气引入挡板下方。

5.1.6　操作温度对气相流场的影响

由于受到实验条件的限制，以往的提升管出口旋流快分系统气相流场的实验测定研究都是在室温、常压下开展的，而流场数值模拟也通常都是围绕着常温条件，没有考虑到流场会受到温度变化影响的问题。但是从实际的工业应用来看，当旋流头喷出气速相同时，随着温度的升高，提升管出口旋流快分系统的压降与分离效率都会随之降低。因此，务必要高度重视不同温度条件下提升管出口旋流快分系统的流体力学性能的变化。鉴于此，高温条件下对环流预汽提组合旋流快分系统流场进行数值模拟的效果较佳，既可对温度变化与环流预汽提组合旋流快分系统气相流场之间的关系进行考察，又可获取环流预汽提组合旋流快分系统在高温条件下全空间的流场信息，还有利于分析环流预汽提组合旋流快分系统在高温条件下的气固分离过程。下面主要通过数值模拟来分析温度变化（293～1193 K）对环流预汽提组合旋流快分系统内速度分布的影响，给出温度变化与环流预汽提组合旋流快分系统气相流场之间的关系式，并且深入分析环流预汽提组合旋流快分系统分离效率会受到温度变化的影响程度，为建立高温下环流预汽提组合旋流快分系统气固分离模型打下基础。

气体性质受到温度变化的影响主要体现在两个参数上，分别是气体密度和气体黏度[125]。为了能够将不同的温度变化代入数值模拟中，就需要按照温度函数公式来修正计算中的气体密度和气体黏度。常压下，温度与气体黏度的关系式如下：

$$\mu_T = \mu_0 \left(\frac{T}{T_0}\right)^m \tag{5.1}$$

式中：μ_T 为温度 T 下气体的黏度；μ_0 为温度 T_0 下气体的黏度；m 为经验指数，空气的 $m=0.683$；T_0 为常温，取值为 273.15 K。

常压下，温度与气体密度的关系式如下：

$$\rho_T = \rho_0 \left(\frac{T_0}{T}\right) \frac{p}{p_0} \tag{5.2}$$

式中：ρ_T 为温度 T 下气体的密度；ρ_0 为快分入口处气固混合物的密度；p 为气体压力；p_0 为常压，取值为 0.1 MPa。

1. 温度变化对气体流动的影响

温度变化对气体流动的影响是通过能量耗散来表现的。气体黏度会随着温度上升而增大，在流场中流动的气体为了能够克服黏性阻力，必然会消耗一部分能量。温度越高，气体黏度就越大，就会有越多的能量被耗散。但值得注意的是，湍流强度会随着气体黏度的增大而减小，导致湍流耗散能量降低。二者相互综合的结果是能量耗散增大。与此同时，气体密度会随着温度的上升而减少，能够让气体流动中的能量耗散降低[126-127]。

由于可利用流体雷诺数（即惯性力与黏性力的比值）来描述气体黏度与气体密度的关系，因此，也可用雷诺数来描述温度变化对流场的影响程度。在压力不变的前提下可得出 Re_0（常温 T_0 下的雷诺数）与 Re_T（温度 T 下的雷诺数）之间的关系，即

$$Re_T = Re_0 \left(\frac{T_0}{T}\right)^{1+m} \tag{5.3}$$

其中

$$Re_0 = \frac{\rho_0 v d}{\mu_0} \tag{5.4}$$

式中：ρ 为快分入口气固混合物密度，kg/m^3；v 为气体流速，m/s；d 为颗粒粒径，μm；μ_0 为空气黏度，$Pa \cdot s$。

环流预汽提组合旋流快分系统的雷诺数 Re_T 与温度 T 的关系如图 5.19 所示，由图可知，气体黏性力随着温度的上升而增加，而雷诺数 Re_T（或惯性力）逐渐降低，一直持续到 1000 K 的温度；待温度超过 1000 K 之后，雷诺数 Re_T 的下降幅度明显变小，基本趋于平缓。雷诺数 Re_T 的变化反映了气体黏度、气体密度由于温度变化而导致的能量耗散量的变化，由此可见，随着温度的上升，气体流动的能量耗散（以黏性耗散能量为主）出现了较快的增长，但当温度超过一定值之后，气体密度下降所带来的能量耗散降低量与气体黏度增加所带来的能量耗散增大量基本持平，相互抵消之后就会让总能量耗散基本趋于平缓地增加，增长幅度较慢。这种现象也会在环流预汽提组合旋流快分系统内流场的速度变化中得以体现。

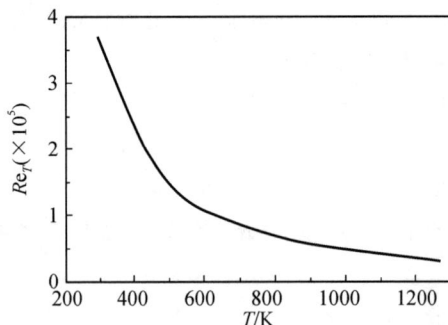

图 5.19　环流预汽提组合旋流快分系统的雷诺数 Re_T 与温度 T 的关系

2. 温度变化对切向速度的影响

沿轴向截取截面 B、截面 C、截面 D、截面 E、截面 F 五个面，分别取 293 K、593 K、

893 K、1193 K 四个温度值，旋流头喷出气速 $V_s = 18$ m/s，入口颗粒浓度 $C_i = 0.5$ kg/m³，压力取常压，不同温度对切向速度的影响如图 5.20 所示。由图可知，随着温度的升高，五个截面上的切向速度都逐步减少，待温度超过 1000 K 之后，切向速度的下降幅度明显变小。主要原因在于：气体旋转动能的大小主要通过切向速度来反映，气体黏度随着温度的上升而增加，既会增大器壁与流体之间的摩擦损失，又会增大气体本身的能量耗散损失；虽然气体密度会随着温度的上升而减少，能够让气体流动中的能量耗散降低，但总体而言，温度的上升会导致气体切向速度逐步降低。当温度开始增加后，以黏性耗散能量为主的能量耗散出现了较快的增长，导致切向速度的下降幅度变化较大；但是当温度超过一定值之后，黏性耗散能量的增加量变小，而气体密度下降所带来的能量耗散降低量增加，二者相互作用，就导致切向速度的下降幅度明显变小。由此可见，温度变化对切向速度的影响与图 5.19 中的雷诺数 Re_T 与温度 T 之间的变化趋势基本一致。

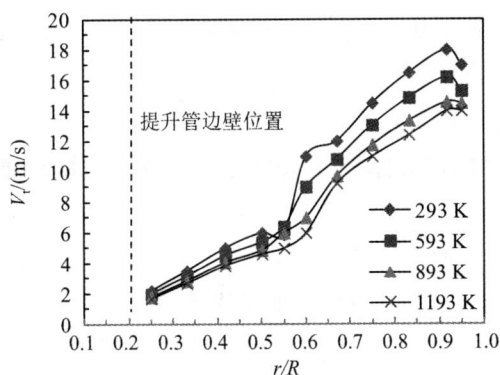

(a) 截面B

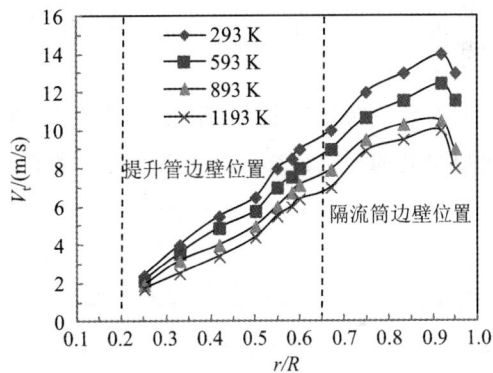

(b) 截面C

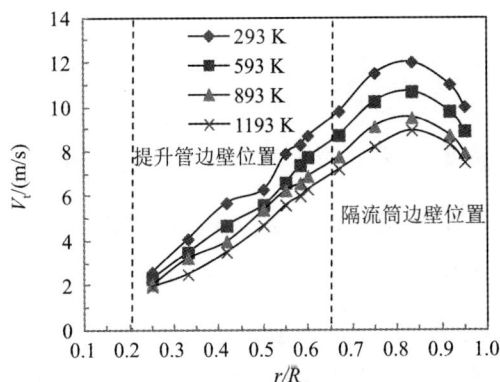

(c) 截面D

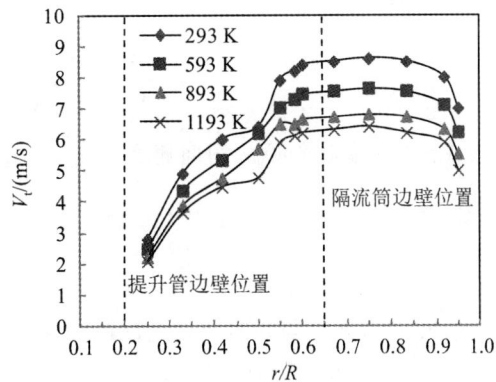

(d) 截面E

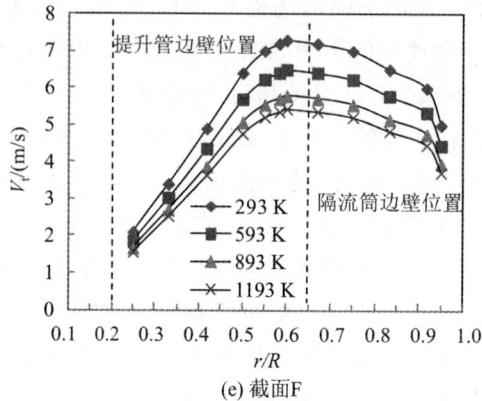

图 5.20　不同温度对切向速度的影响

环流预汽提组合旋流快分系统流场外部的准自由涡与内部的准强制涡之间的分界点即为最大切向速度点所在位置 r_t，而准强制涡区域的旋转动力主要来自准自由涡，换而言之，准强制涡的旋转能量来自准自由涡。能量耗散随着温度的上升而增加，导致气体切向速度值出现明显的衰减趋势，能量耗散既会降低最大切向速度值，又会导致准自由涡给准强制涡所提供的旋转能量减少，这样一来，就会导致准自由涡与准强制涡之间的分界点（即最大切向速度点）略有外移，并且还会让准强制涡的切向速度分布趋于非线性。基于轴向位置来看，随着温度的上升，越远离旋流头喷口的截面，切向速度的衰减趋势就越大；喷出段切向速度的降低幅度明显小于分离段切向速度的降低幅度。

与常温状态下的切向速度相比，由于温度变化而导致的切向速度减少量 ΔV_t 的计算可与管流沿程能量损失的计算方法相类似，即

$$\frac{\Delta V_t}{V_t^0} = \frac{V_t^0 - V_t^T}{V_t^0} = k \sqrt{\lambda \frac{H}{D}} \tag{5.5}$$

式中：V_t^0 为常温状态下的切向速度，m/s；V_t^T 为温度 T 状态下的切向速度，m/s；k 为修正系数，$k = 30.8$；λ 为颗粒阻力系数，$\lambda = \dfrac{0.3164}{Re_T^{0.25}}$；$H$ 为沿程长度，mm；D 为提升管内径，mm。

式(5.5)对温度与切向速度之间的关系进行了描述，其中，沿程长度 H 对切向速度在轴向方向的变化进行了描述，温度 T 下的雷诺数 Re_T 对温度变化与气体密度、气体黏度之间的影响进行了描述。将式(5.5)所得的计算结果与模拟结果进行对比，结果表明二者基本一致。由此可见，可用式(5.5)来描述切向速度的减小量 ΔV_t。

3. 温度变化对轴向速度的影响

不同温度对轴向速度的影响如图 5.21 所示，由图可知，若喷出气速相同，那么温度的上升会给气流的轴向速度带来一些影响，但主要是通过气流切向速度的旋转强度变化而导致的。气流的旋转强度会随着温度的上升而下降，下行的气量略有减少，最终的结果为：随着温度的上升，上行的轴向速度略有增加，下行的轴向速度略有降低。

值得注意的是，轴向速度与径向速度的分布情况存在着较大的关联，但由于径向速度的数值较小，所以，无论温度如何变化，对于气流径向速度所造成的影响都不明显，故不再分析。

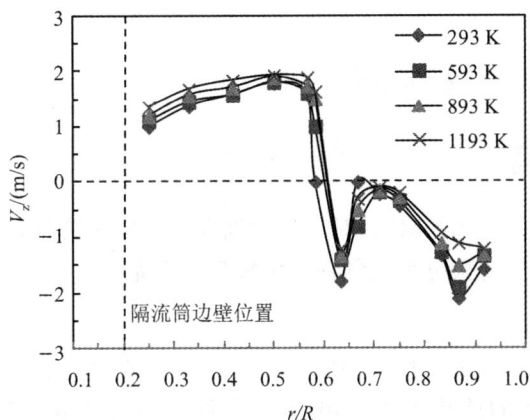

(a) 截面B

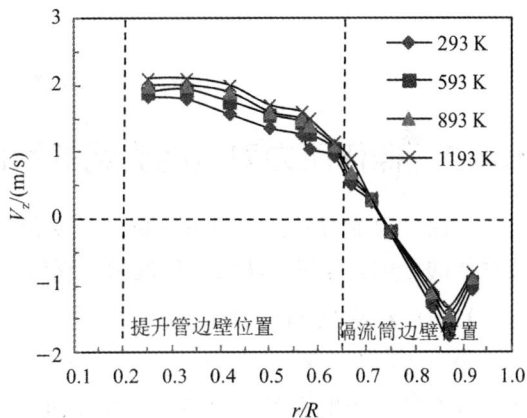

(b) 截面C

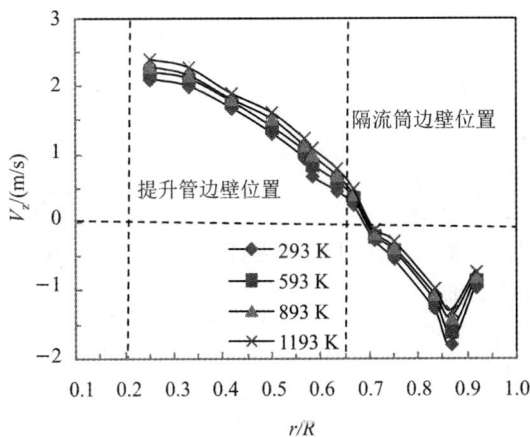

(c) 截面D

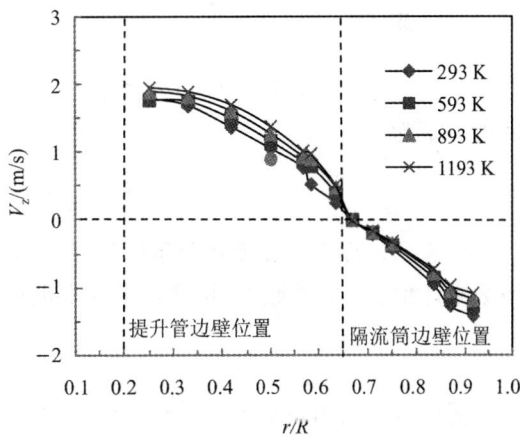

(d) 截面E

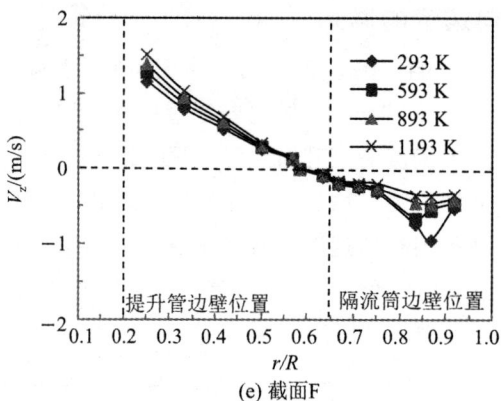

(e) 截面F

图 5.21　不同温度对轴向速度的影响

5.1.7　操作压力对气相流场的影响

下面主要通过数值模拟来分析压力变化(0.1～9.0 MPa)对环流预汽提组合旋流快分系统性能的影响,为建立高压下环流预汽提组合旋流快分系统气固分离模型打下基础。

1. 压力变化对气体流动的影响

和温度变化一样,不同压力对环流预汽提组合旋流快分系统流体力学性能的影响也主要表现在气体密度和气体黏度上。在温度不变的前提下可得出 Re_0(常温下的雷诺数)与 Re_p(压力 p 下的雷诺数)之间的关系,即

$$Re_p = Re_0 \frac{p}{p_0} \tag{5.6}$$

若温度也变化,那么 Re_0(常温下的雷诺数)与 $Re_{T,p}$(温度 T、压力 p 下的雷诺数)之间的关系为

$$Re_{T,p} = Re_0 \left(\frac{T_0}{T}\right)^{1+m} \frac{p}{p_0} \tag{5.7}$$

环流预汽提组合旋流快分系统的能量损耗通常都不是通过压降来评价,而是利用阻力系数来评价。阻力系数 ζ_p 可通过下式来进行计算,即

$$\zeta_p = \frac{2\Delta p}{\rho_g V_i^2} \tag{5.8}$$

同样可将阻力系数 ζ_p 拟合成 $Re_{T,p}$ 的函数,即

$$\zeta_{T,p} = \zeta_0 \left(\frac{Re_{T,p}}{Re_0}\right)^{0.17505} \tag{5.9}$$

由此可见,随着温度的升高,气体密度减小,气体黏度增大,导致阻力系数减小,雷诺

数减小，环流预汽提组合旋流快分系统的压降也会随之而减小。但是，随着压力的升高，气体密度增大，气体黏度不变化，导致阻力系数增大，雷诺数增大，环流预汽提组合旋流快分系统的压降也会随之而增大。

2. 压力变化对速度的影响

沿轴向截取截面 B、截面 C、截面 D、截面 E、截面 F 五个面，分别取 0.1 MPa、1.0 MPa、3.0 MPa、9.0 MPa 四个压力值，旋流头喷出气速 $V_s=18$ m/s，入口颗粒浓度 $C_i=0.5$ kg/m³，温度取高温值(1193 K)，不同压力对切向速度的影响如图 5.22 所示，不同压力对轴向速度的影响如图 5.23 所示。由图可知，随着压力的升高，五个截面上的切向速度都逐步增加，但是当压力超过 1.0 MPa 之后，切向速度的增加幅度明显变小；而轴向速度随着压力的增加而降低，尤其是上行的轴向速度降低趋势更为明显，这对于气固分离是较为有利的。另外，由于径向速度的数值较小，因此，无论压力如何变化，对于气流径向速度所造成的影响都不明显，故不再分析。

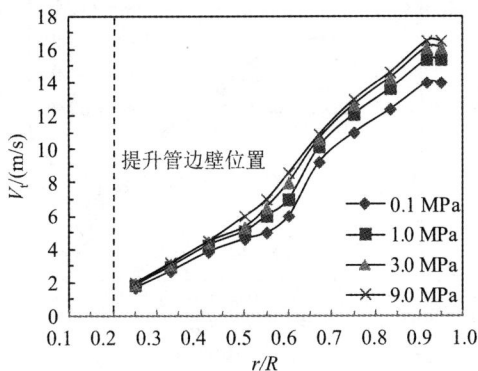

(a) 截面B

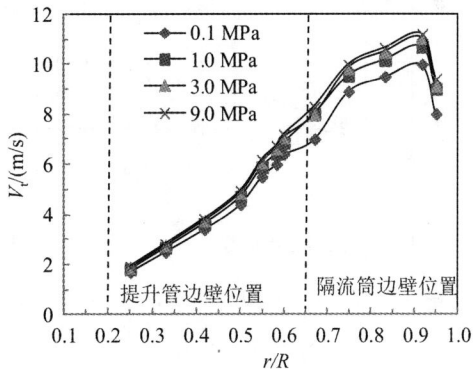

(b) 截面C

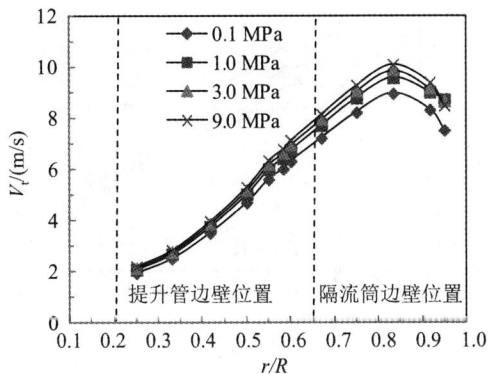

(c) 截面D

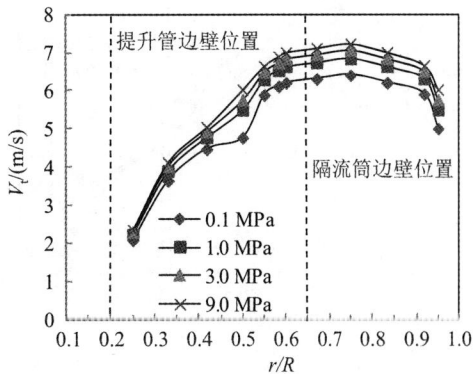

(d) 截面E

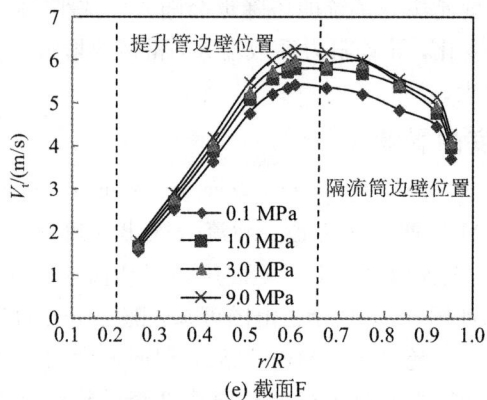

(e) 截面F

图 5.22　不同压力对切向速度的影响

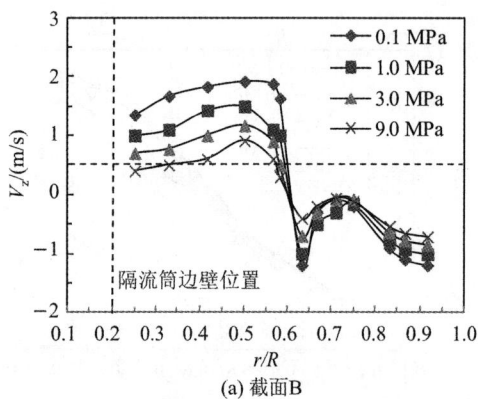

(a) 截面B

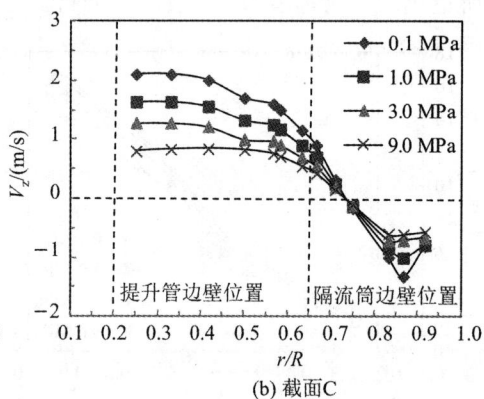

(b) 截面C

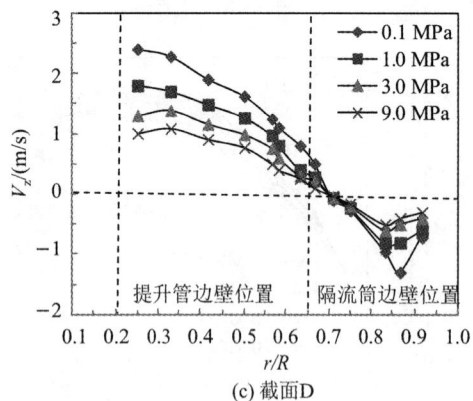

(c) 截面D

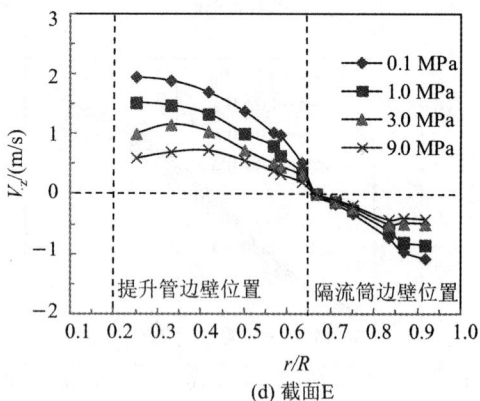

(d) 截面E

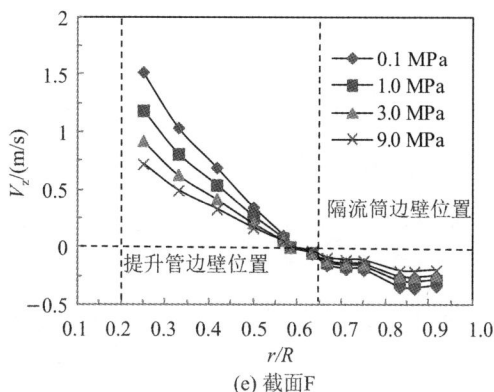

(e) 截面F

图 5.23　不同压力对轴向速度的影响

5.2　有颗粒时的气相流场

5.2.1　颗粒流动轨迹

图 5.24 所示为三种不同粒径(颗粒粒径 d_p 分别为 30 μm、67 μm、120 μm)的固体颗粒在环流预汽提组合旋流快分系统内运动的轨迹图。由图可知:不同粒径的固体颗粒从同一入口位置进入到环流预汽提组合旋流快分系统的轨迹存在着一定程度的差异。若固体颗粒的粒径较大,那么就会受到较大的离心力,就会越快地到达器壁,越容易被分离,而后从颗粒排出口处快速排出;若固体颗粒的粒径较小,那么就越容易被气体夹带,随流体运动的跟随性越好,进而导致越难分离。

5.2.2　气相速度场

图 5.25~图 5.29 所示为旋流头喷出气速为 18 m/s、入口颗粒浓度为 500 g/m^3 时加入颗粒前后环流预汽提组合旋流快分系统不同截面上的速度云图。颗粒相的加入在一定程度上改变了环流预汽提组合旋流快分系统内的气相流场,使气速明显降低,且低气速区域面积

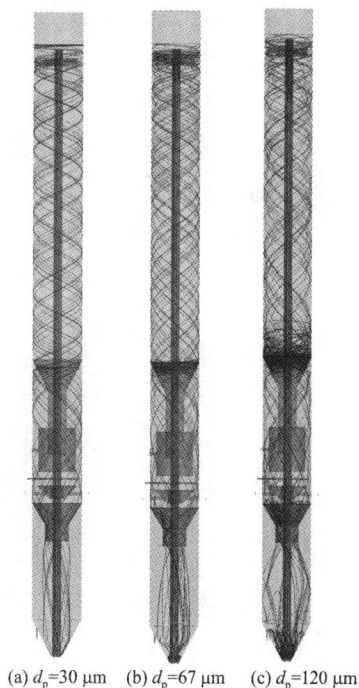

(a) d_p=30 μm　(b) d_p=67 μm　(c) d_p=120 μm

图 5.24　颗粒轨迹图

沿着轴向高度向下逐渐增加。

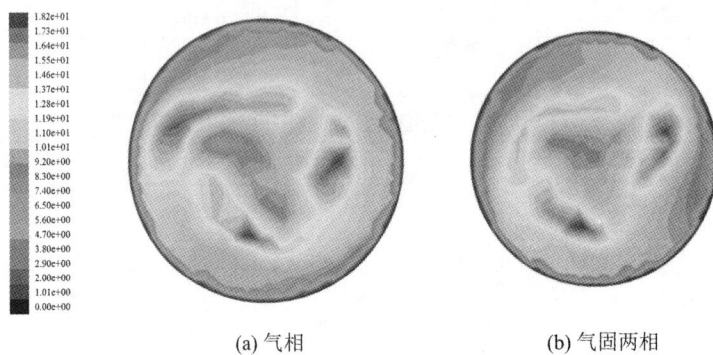

(a) 气相   (b) 气固两相

图 5.25　引出段内速度云图（截面 A）

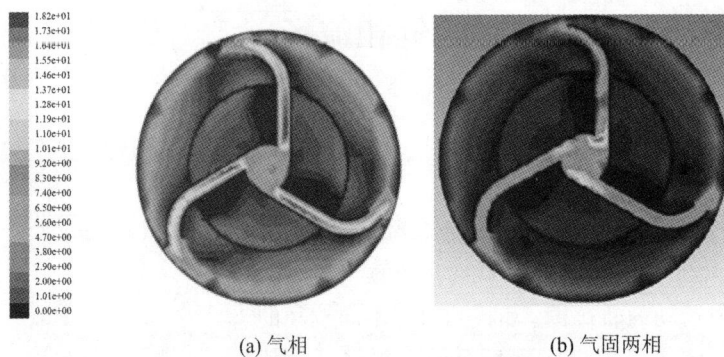

(a) 气相   (b) 气固两相

图 5.26　喷出段内速度云图（截面 B）

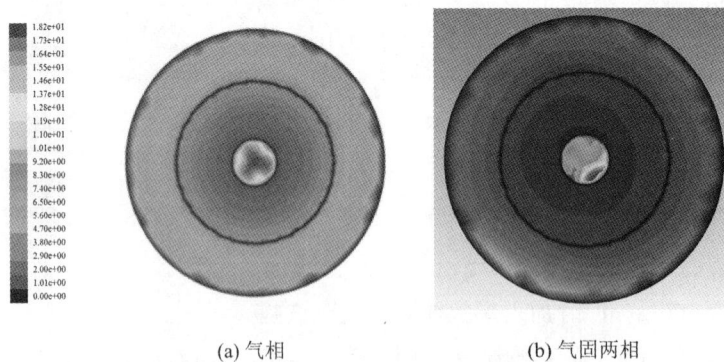

(a) 气相   (b) 气固两相

图 5.27　分离段内速度云图（截面 C）

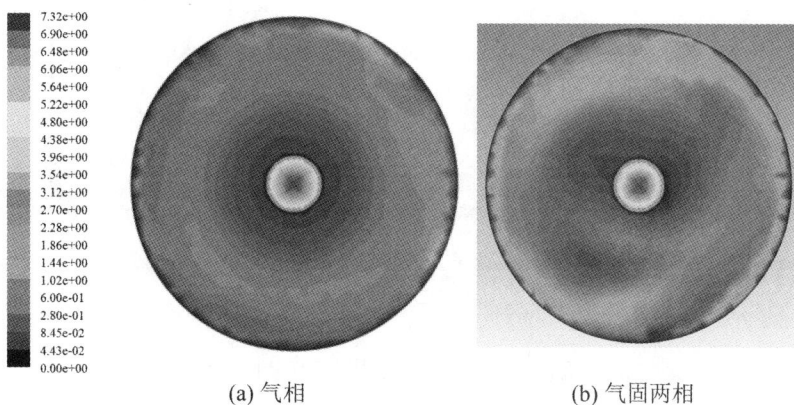

(a) 气相　　　　　　　　(b) 气固两相

图 5.28　分离段内速度云图（截面 F）

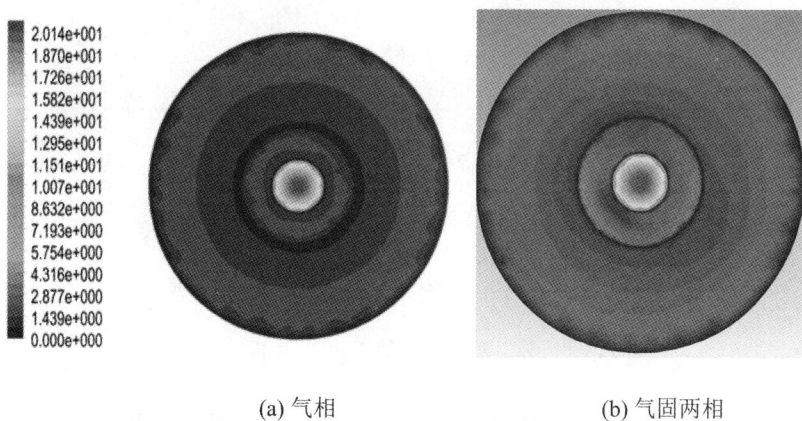

(a) 气相　　　　　　　　(b) 气固两相

图 5.29　沉降段内速度云图（$Z=-0.8$ m）

5.2.3　气相压力场

图 5.30～图 5.33 所示为旋流头喷出气速为 18 m/s、入口颗粒浓度为 500 g/m³ 时加入颗粒前后环流预汽提组合旋流快分系统内不同截面上的静压云图。由图可知，无论是气相静压，还是气固两相静压，均为负值。从轴向来看，静压沿轴向向下逐渐减小，除喷出段之外，引出段、分离段、沉降段加入颗粒后前后静压的分布规律基本一致；从径向来看，外旋流区的静压较高，内旋流区的静压较低。

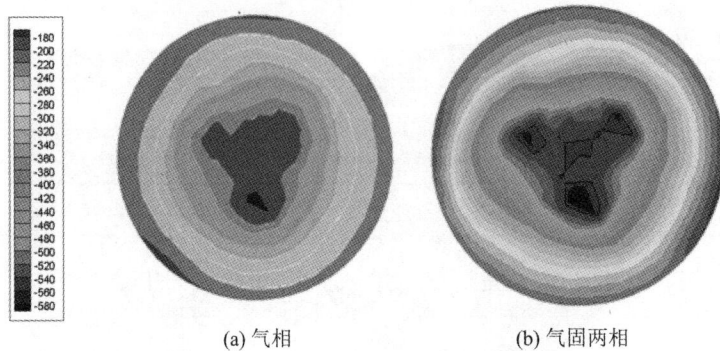

(a) 气相   (b) 气固两相

图 5.30　引出段内静压云图(截面 A)

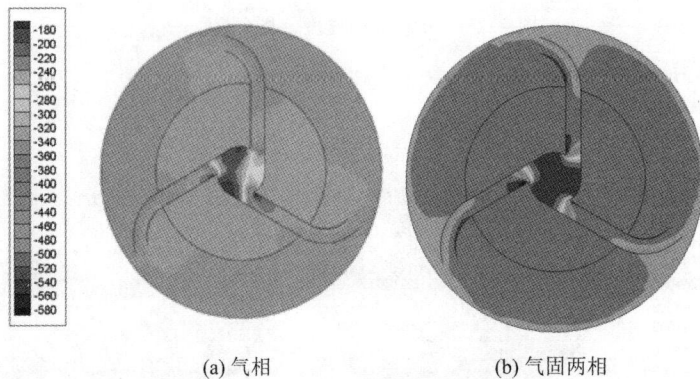

(a) 气相   (b) 气固两相

图 5.31　喷出段内静压云图(截面 B)

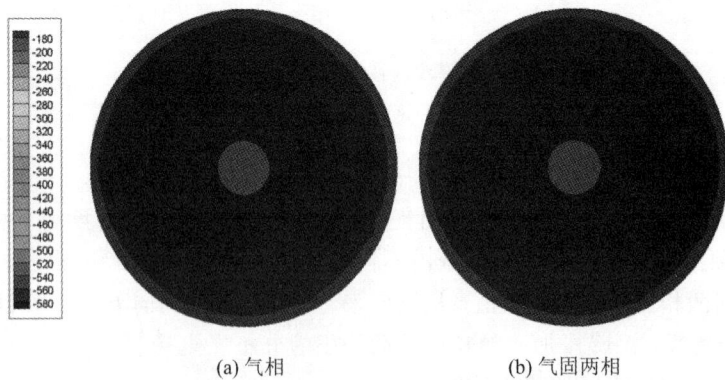

(a) 气相   (b) 气固两相

图 5.32　分离段内静压云图(截面 C)

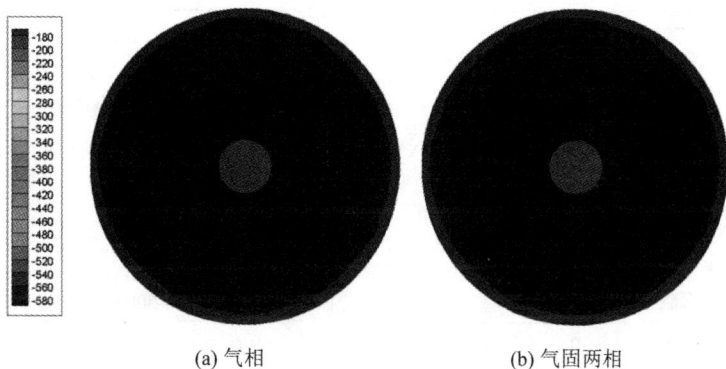

(a) 气相　　　　　　　　　　(b) 气固两相

图 5.33　沉降段内静压云图($Z=-0.8$ m)

5.2.4　入口颗粒浓度对气相流场的影响

在环流预汽提组合旋流快分系统的四个区段中，主要是分离段、喷出段对环流预汽提组合旋流快分系统的分离效率有较大的影响，而引出段、沉降段则对分离效率的影响较小，因此，下面重点讨论入口颗粒浓度对分离段、喷出段内气相流场的影响。

1. 切向速度

不同入口颗粒浓度条件下环流预汽提组合旋流快分系统各截面的切向速度分布曲线如图 5.34 所示，由图可知，分离段、喷出段内气相切向速度随着入口颗粒浓度 C_i 的增大而减小。由此可见，分离段、喷出段内的气体流动在加入了大量的固体颗粒之后受到了强烈的抑制。主要原因在于：固体颗粒相所占据的能量会随着 C_i 的增大而增大，气相能量会被大量地消耗，这样一来，就会导致旋转气流出现明显的速度衰减的现象，既会降低环流预汽

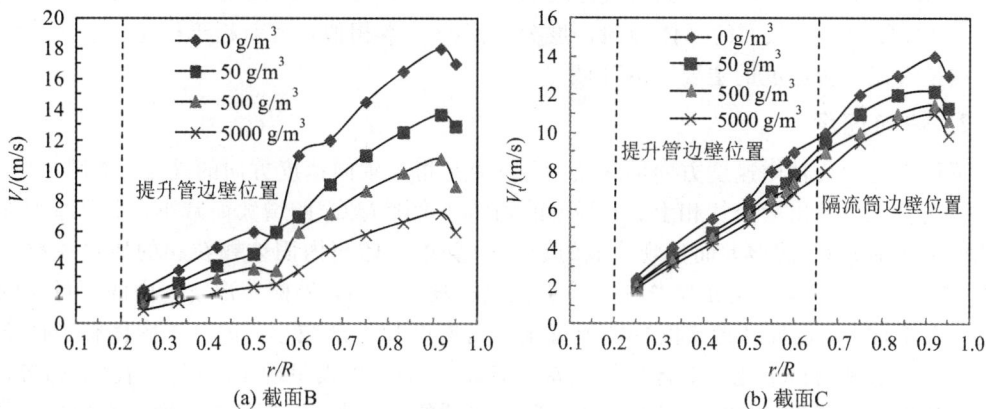

(a) 截面B　　　　　　　　　　(b) 截面C

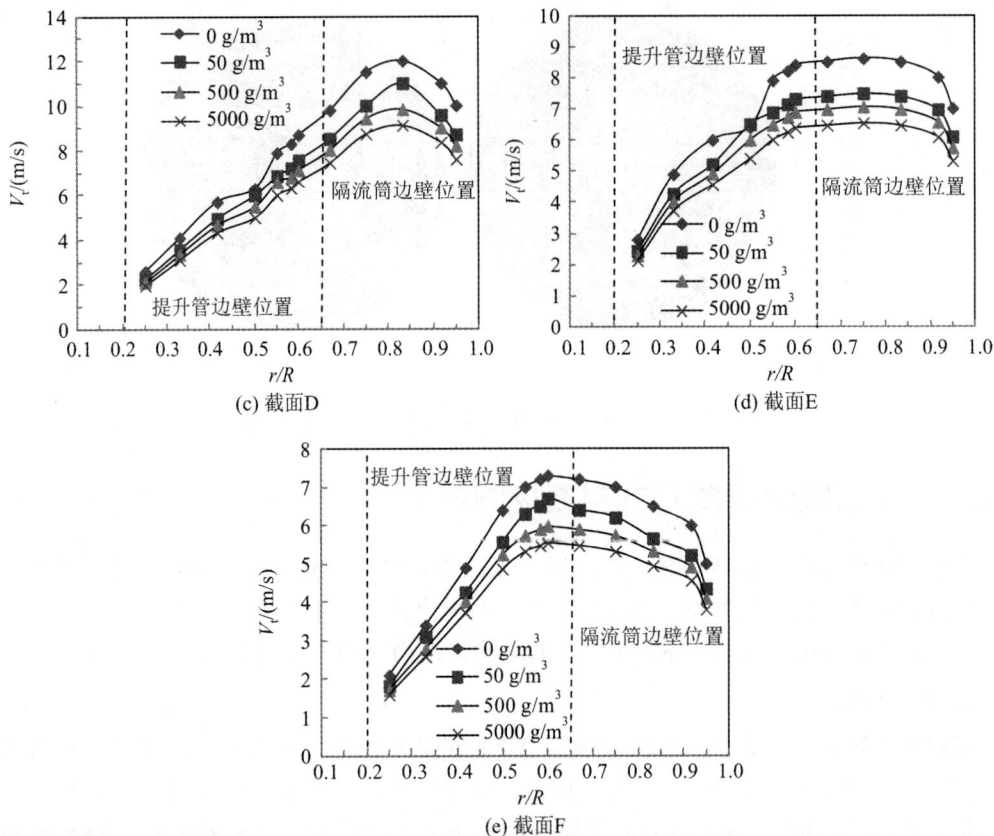

图 5.34 不同入口颗粒浓度条件下环流预汽提组合旋流快分系统各截面的切向速度分布曲线

提组合旋流快分系统的压降，又会减小离心力，严重不利于气固两相的分离。值得注意的是，与喷出段相比，C_i 对于分离段气体运动的影响程度较小，即便是在不同的入口颗粒浓度下，分离段内同一截面的气体切向速度分布形态基本相似，运动趋于稳定，这充分说明喷出段是气流旋转速度的主要衰减区域。

2. 轴向速度

下行流是指负轴向速度方向的气流，上行流是指正轴向速度方向的气流。由图 5.35 可知：① 分离段、喷出段内气相上、下行流的轴向速度随着 C_i 的增大而减小，主要原因在于气相能量会随着 C_i 的增大而出现明显的衰减；② 单位体积内固体颗粒相的质量流率会随着 C_i 的增大而增大，重力沉降作用力也会随之而增大，导致外侧环形空间内的下行流轴向速度逐渐增加，而内侧环形空间内的上行流轴向速度却逐渐减小，这对于固体颗粒的下行分离是较为有利的；③ 上、下行流的分界点随着 C_i 的增大而呈现出沿径向内移的趋势，导致下行流区有所增大，这对于气固分离无疑是有效的。此外，由于径向速度的数值较小，因此，无论入口颗粒浓度如何变化，对于气流径向速度所造成的影响都不明显，故不再分析。

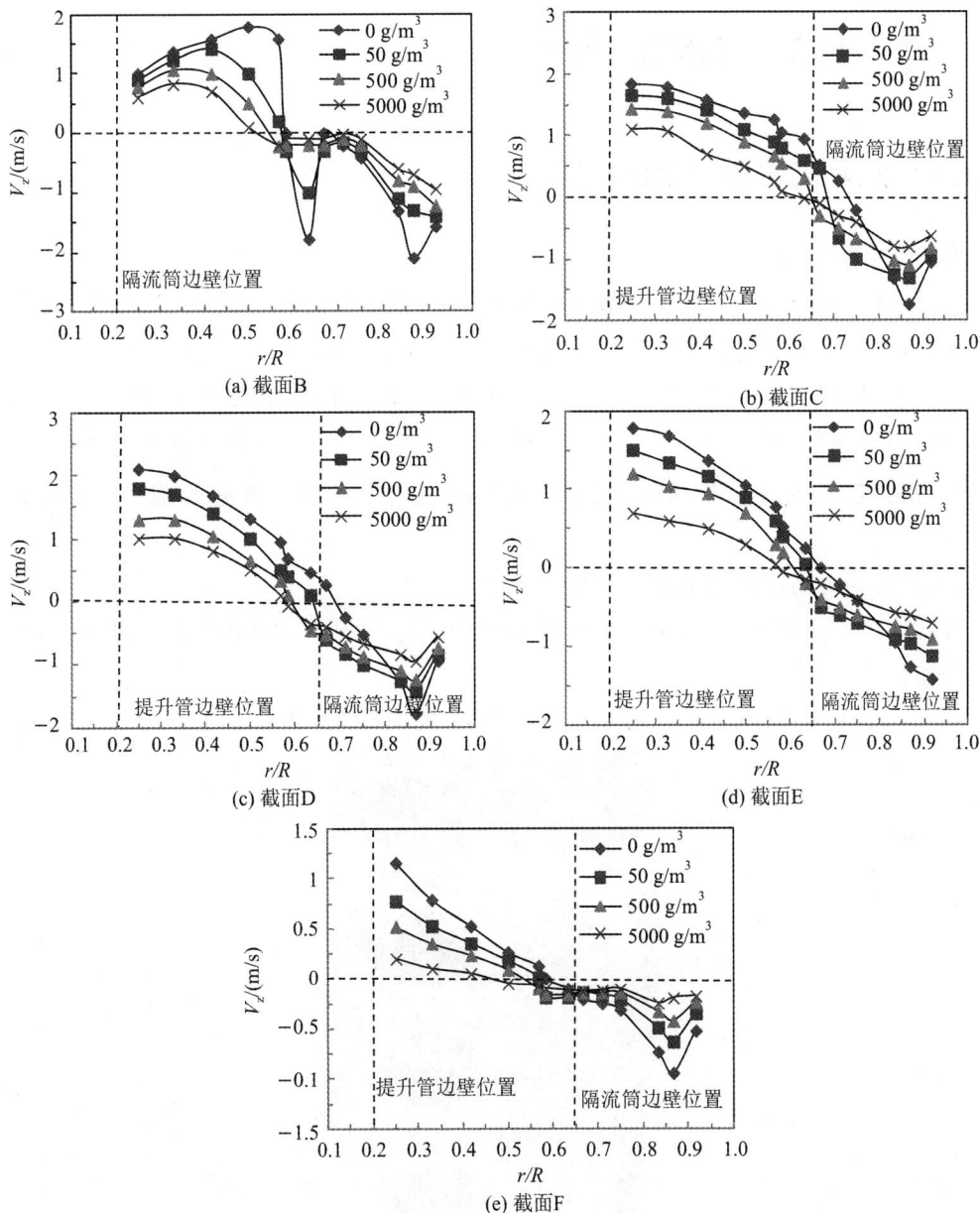

图 5.35　不同入口颗粒浓度条件下环流预汽提组合旋流快分系统各截面的轴向速度分布曲线

5.3　气相湍动特性

5.3.1　无颗粒时的气相湍动特性

1. 湍流强度分析

在湍流研究过程中，通常需要对比湍流脉动的强弱，但实验时所测定的脉动量往往为时间平均值。虽然脉动速度对时间的平均值 $\overline{v_i}=0$，但是脉动速度平方的平均值 $\overline{v_i^2}$ 及 $\overline{v_i}$ 的绝对值 $|\overline{v_i}|$ 并不等于零。所以，为了能够更好地表征偏离平均速度的湍流脉动数量，通常都会选用两个参数，分别是湍流强度 I 和相对湍流强度。其中，湍流强度 I 是湍流脉动速度的均方根值，$I=\sqrt{\overline{v_i^2}}$。而相对湍流强度则是湍流强度与平均摩擦速度（或平均流动速度）的比值。

1）不同轴向高度的湍流强度分布

下面基于数值模拟所得数据来对环流预汽提组合旋流快分系统内的湍流强度分布情况进行分析。

喷出气速 $V_s=18\ \mathrm{m/s}$ 时，不同 Z 平面的湍流强度云图如图 5.36 所示，从上往下的五

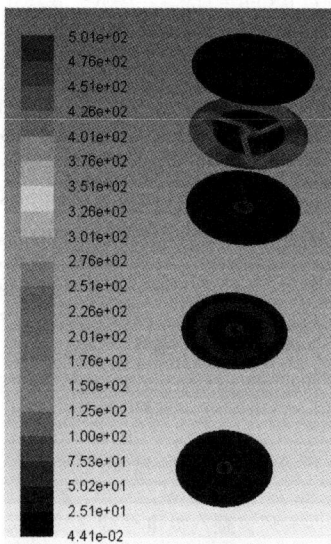

图 5.36　不同 Z 平面的湍流强度云图

个平面分别是截面 A、B、C、D、E，由图可见，喷出段（截面 B）的湍流强度值要明显大于其他截面。喷出段（截面 B）的湍流强度分布如图 5.37 所示，由图可知：从旋流头喷出口内侧到封闭罩的内壁，湍流强度值 I 随着无量纲径向位置（r/R）的增大而有所减小；从旋流头喷出口内侧至隔流筒外壁，湍流强度 I 随着无量纲径向位置（r/R）的减小而先略有下降后增大；隔流筒内部的湍流强度较小。

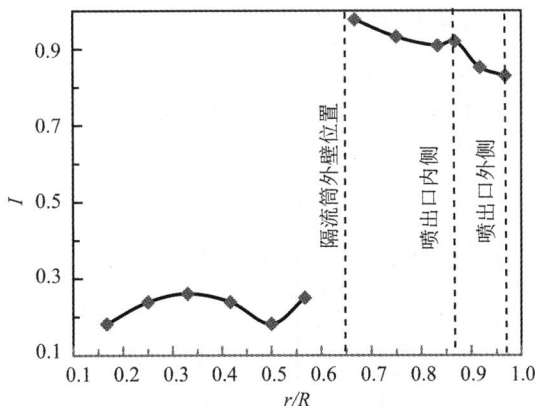

图 5.37　喷出段（截面 B）的湍流强度分布

不同轴向高度下的分离段湍流强度分布如图 5.38 所示，由图可知：不同轴向高度下，分离段内各截面的湍流强度分布形态较为类似，除截面 C 这类离隔流筒底部较近的区域之外，湍流强度值 I 基本都随着高度 Z 的下降而出现了一定程度的减少。基于径向方向来看，分离段内的全部截面均随着无量纲径向位置（r/R）的增大而先增大后减小，最大的湍流强度值出现在喷出段。基于能量守恒的角度来看，维系三维速度脉动的能量数值大小实际上

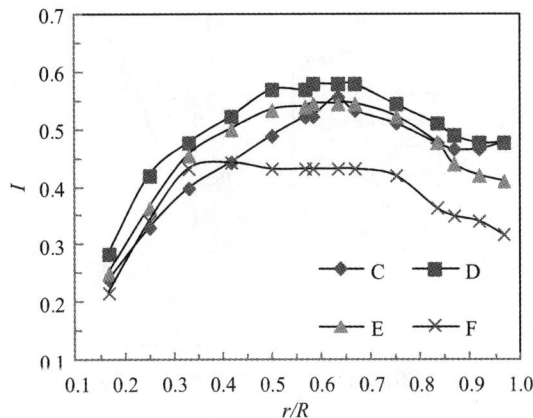

图 5.38　不同轴向高度下的分离段湍流强度分布

就是湍流强度的大小，湍流强度反映了脉动速度的相对强度。若湍流强度越大，那么三维速度的脉动能量也越大；若湍流强度越小，那么三维速度的脉动能量也越小。由此可见，三维速度的脉动能量随着高度 Z 的下降而逐步减少。与喷出段相比，环流预汽提组合旋流快分系统分离段内的湍流强度值明显更小，说明固体颗粒在分离段内的离心力场较为稳定，具有较好的气固分离效果。

2）不同喷出气速对湍流强度分布造成的影响

在不同喷出气速下，各截面的湍流强度分布如图 5.39 所示。由图可知，即便喷出气速不同，各截面的湍流强度分布曲线的形态和数值基本相等。由此可见，喷出气速基本不会对环流预汽提组合旋流快分系统内的湍流强度造成影响。

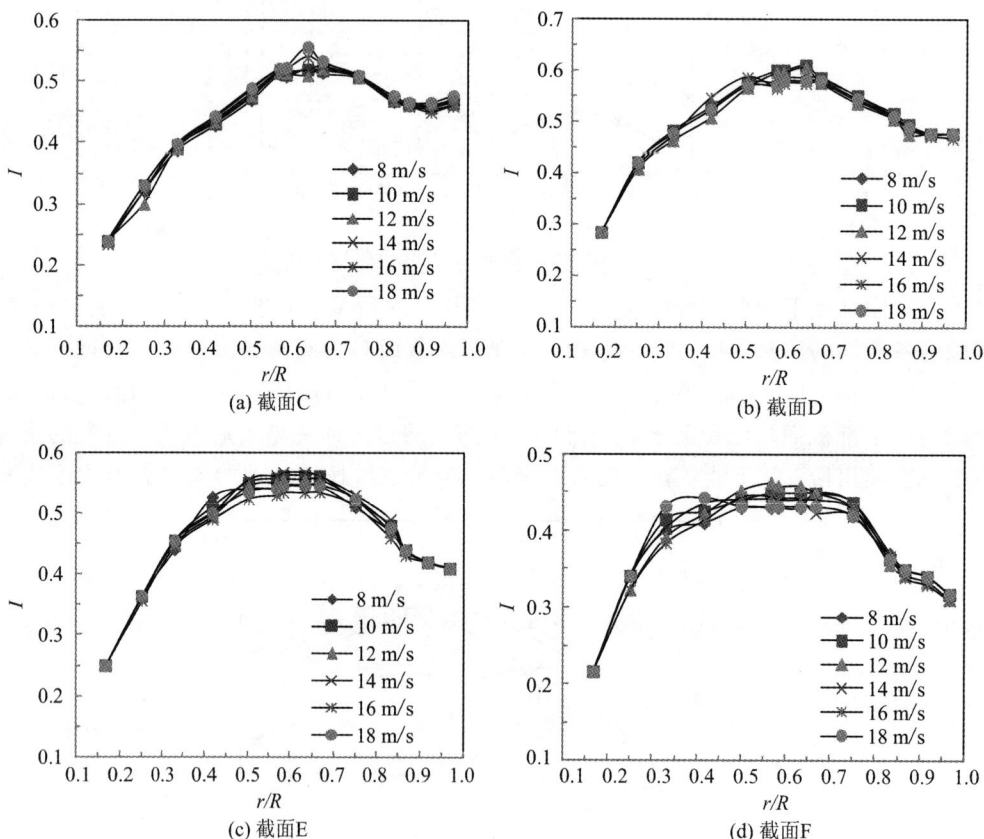

图 5.39　不同喷出气速下各截面的湍流强度分布

2. 湍流动能分布

湍流动能是指由于湍流脉动变化而导致单位质量微元体流体具有的动能，其值为流体质量与湍流速度涨落方差乘积的一半。湍流动能可对湍流衰退程度或者湍流发展程度进行有效的衡量。湍流动能在 RSM 中可通过下式来进行计算，即

$$k = \frac{1}{2}(\overline{u'v'}) \tag{5.10}$$

式中：k 为湍流动能；u' 为 X 坐标上对应的脉动速度，m/s；v' 为 Y 坐标上对应的脉动速度，m/s。

不同 Z 平面的湍流动能云图如图 5.40 所示，图中从上往下有三个截面，分别是截面 A、B、C。基于轴向方向来看，湍流动能随着高度 Z 的下降而减少，喷出段（截面 B）的湍流动能要明显大于引出段（截面 A）和分离段（截面 C）的湍流动能；还可看出湍流动能在内外旋流交界面处出现最大值，为 3.86。由此可见，喷出段区域的能量下降最多，主要原因在于切向速度在喷出段内旋流区域的衰减速度较快；而引出段、分离段的湍流动能只出现了较小的变化，且数值也小。与喷出段相比，引出段、分离段的湍流动能对称性明显更佳。

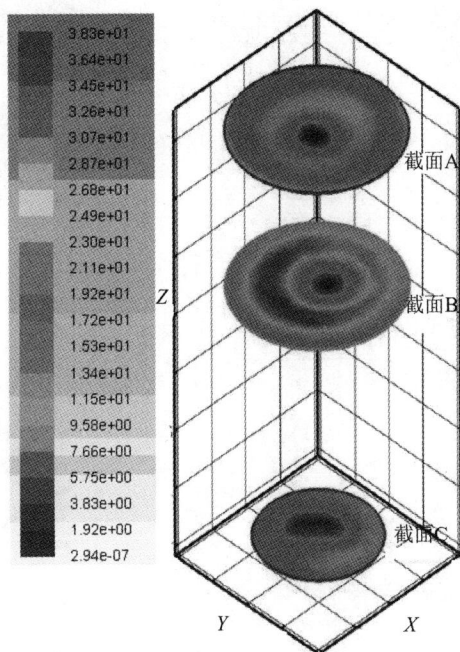

图 5.40　不同 Z 平面的湍流动能云图

3. 湍流耗散率分布

湍流耗散率通常用 ε 来表示，是指湍流动能在分子黏性力的影响下通过内摩擦来逐步转化为分子热运动动能的速率，其衡量指标是单位时间内、单位质量流体所损耗掉的湍流动能。湍流耗散率在 RSM 中可通过下式来进行计算，即

$$\varepsilon = \frac{\mu}{\rho} \overline{\left(\frac{\partial v_i}{\partial x_k} \cdot \frac{\partial v_j}{\partial x_k} \right)} \tag{5.11}$$

$X = 0$ mm 时的湍流耗散率云图如图 5.41 所示；不同 Z 平面的湍流耗散率云图如图 5.42 所示，图中从上往下取了三个截面，分别是截面 A、B、C。在环流预汽提组合旋流快分系统中心轴面上，湍流耗散率总体数值较小，变化最大的区域主要集中在喷出段。基于轴向方向来看，湍流耗散率随着高度 Z 的升高而增加，喷出段（截面 B）的湍流耗散率要略大于引出段（截面 A）和分离段（截面 C）的湍流耗散率，并且喷出段的湍流耗散率对称性较差。主要原因在于：喷出段喷出的气体会对旋流臂不断地碰撞，进而在隔流筒两侧靠近旋流臂处形成三个旋涡，导致气流在此区域附近会耗散掉大量的能量。

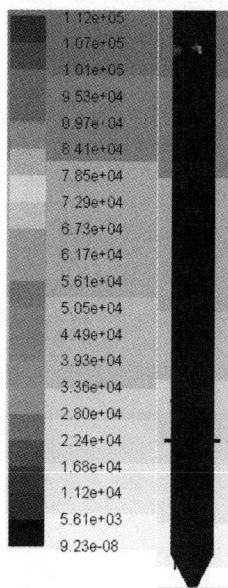

图 5.41 $X = 0$ mm 时的湍流耗散率云图　　图 5.42 不同 Z 平面的湍流耗散率云图

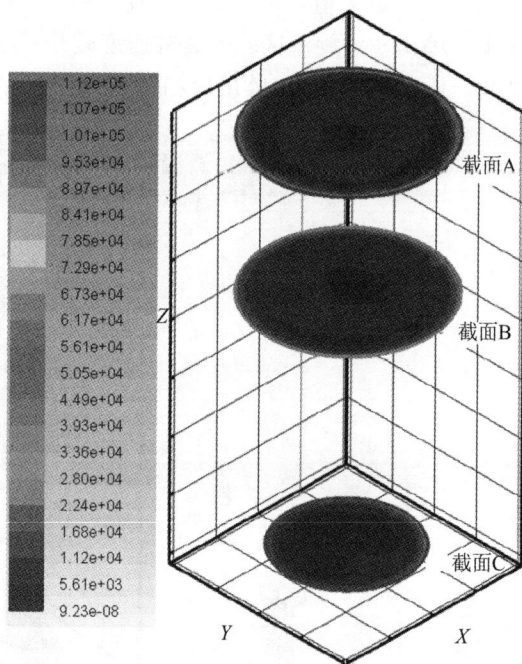

5.3.2 有颗粒时的气相湍动特性

下面选择了四个入口颗粒浓度，分别是 0 g/m³、50 g/m³、500 g/m³、5000 g/m³ 来进行数值模拟，旋流头喷出气速为 18 m/s。不同入口颗粒浓度条件下环流预汽提组合旋流快分系统各截面的湍流强度分布曲线如图 5.43 所示，由图可知，环流预汽提组合旋流快分系统内的湍流强度随着入口颗粒浓度 C_i 的增大而减小。由此可见，固体颗粒会对湍流产生一定程度的抑制，并且入口颗粒浓度越大，这种抑制作用就越强。

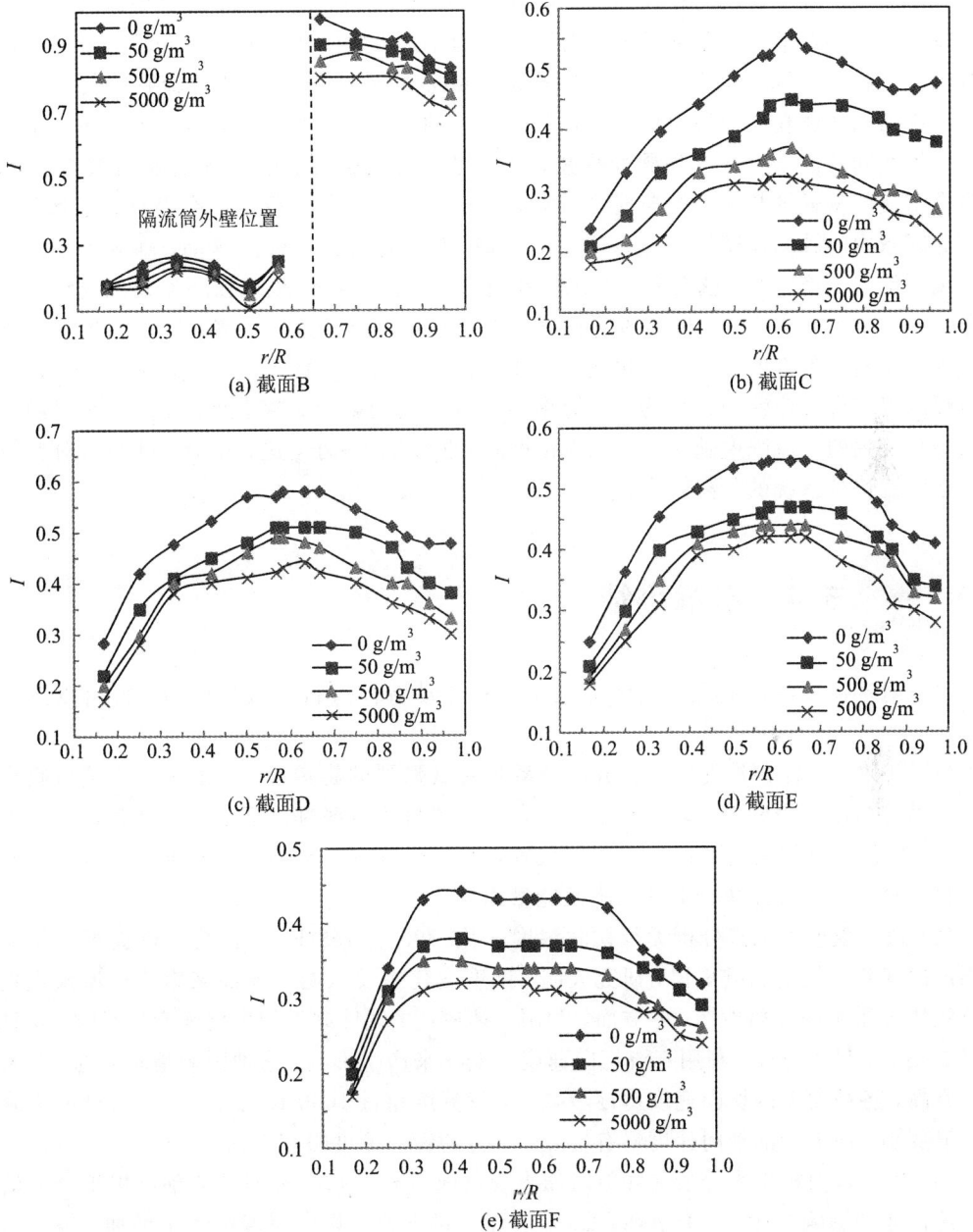

图 5.43　不同入口颗粒浓度条件下环流预汽提组合旋流快分系统各截面的湍流强度分布曲线

从能量守恒的角度来看，维系三维速度脉动能量的大小实际上就是湍流强度的大小，湍流强度反映了脉动速度的相对强度。若湍流强度越大，那么三维速度的脉动能量也越大；若湍流强度越小，那么三维速度的脉动能量也越小。从切向速度的角度来看，若三维速度的脉动能量越小，那么所对应的离心力脉动能量也会相应降低，对于环流预汽提组合旋流快分系统内固体颗粒相的规律性分布是较为有利的。从轴向速度的角度来看，一旦下行流与上行流之间的流动方向出现骤变现象，那么轴向湍流强度就会出现明显的激增，所以，强烈的湍流能量耗散与动量交换现象通常会出现在下行流与上行流的交界点附近区域，并且在此区域内的轴向速度脉动也会较大。而如果轴向速度出现强烈脉动，那么较易让内旋流出现严重的不稳定性，就会有多个纵向流流（处于偏心状态）出现在环流预汽提组合旋流快分系统的流场内，导致出现固体颗粒相严重返混的情况，这样一来，那些原本已经被分离且浓集在器壁附近的固体颗粒相就有可能会再一次重新卷扬到上行的内旋流中，这对于环流预汽提组合旋流快分系统的分离效率会造成较大的影响。鉴于此，环流预汽提组合旋流快分系统内的湍流强度随着入口颗粒浓度 C_i 的增大而减小，这无疑有利于提高环流预汽提组合旋流快分系统的分离效率。

5.4 本章小结

本章对环流预汽提组合旋流快分系统气相流动特性进行了数值模拟，得出以下一些结论：

(1) 气体在环流预汽提组合旋流快分系统内做强烈的旋转运动，由旋流头喷口喷出的气体会沿着封闭罩内壁做旋转下行运动，待下行到封闭罩底部之后，气体又会折转向上旋转上行。即便是气体运动到挡板的下部位置，其仍然具有一定的旋转动能，但是这种旋转动能仅仅只能增大旋流快分器的压降及能量损失。

(2) 通过数值模拟来分析无颗粒时温度变化(293~1193 K)对环流预汽提组合旋流快分系统内气相流场的影响规律，研究表明：温度变化主要从两个方面来影响环流预汽提组合旋流快分系统的分离性能，一方面，利用气体密度、气体黏度的变化来产生影响，这种影响是直接的；另一方面，利用气流切向速度的变化来产生影响，这种影响是间接。随着温度的升高，各截面上的切向速度都逐步减少，待温度超过 1000 K 之后，切向速度的下降幅度明显变小，而上行的轴向速度略有增加，下行的轴向速度略有降低。

(3) 通过数值模拟来分析无颗粒时压力变化(0.1~9.0 MPa)对环流预汽提组合旋流快分系统性能的影响规律，研究表明：① 随着压力的升高，切向速度都逐步增加，但是当压力超过 1.0 MPa 之后，切向速度的增加幅度明显变小；② 轴向速度随着压力的增加而降低，尤其是上行的轴向速度降低趋势更为明显，这对于气固分离是较为有利的。

（4）颗粒相的加入在一定程度上改变了环流预汽提组合旋流快分系统内的气相流场，气速有所降低，且低气速区域面积沿着轴向高度向下逐渐增加。无论是气相静压，还是气固两相静压，均为负值。从轴向来看，静压沿轴向向下逐渐减小，除喷出段之外，引出段、分离段、沉降段加入颗粒后前后静压的分布规律基本一致；从径向来看，外旋流区的静压较高，内旋流区的静压较低。

（5）入口颗粒浓度会对环流预汽提组合旋流快分系统内的气相流场造成较大的影响。入口颗粒浓度越高，就会有越多的能量被固体颗粒消耗，会导致气相切向速度出现越明显的下降。与此同时，入口颗粒浓度越高，就会导致单位体积内固体颗粒相的质量流率增大，重力沉降作用力也会随之而增大，导致外侧环形空间内的下行流轴向速度逐渐增加，而内侧环形空间内的上行流轴向速度却逐渐减小，这对于固体颗粒的下行分离是较为有利的。

（6）三维速度的脉动能量随着高度 Z 的下降而逐步减少。与喷出段相比，环流预汽提组合旋流快分系统分离段内的湍流强度值明显更小，说明固体颗粒在分离段内的离心力场较为稳定，具有较好的气固分离效果。喷出气速基本不会对环流预汽提组合旋流快分系统内的湍流强度造成影响，但入口颗粒浓度却与环流预汽提组合旋流快分系统内的湍流强度密切相关，高入口颗粒浓度能够有效抑制湍流脉动现象，并且还可大幅度降低中细颗粒的返混逃逸，进而提高环流预汽提组合旋流快分系统的总分离效率。

第6章
环流预汽提组合旋流快分系统结构优化的模拟研究

6.1 S 值的影响

S 为封闭罩的环形空间截面积与旋流头喷口总面积之比，表明了封闭罩尺寸与旋流头喷口尺寸之间的关系。S 值的优化属于环流预汽提组合旋流快分系统结构优化的一个主要内容。若封闭罩的尺寸已定，S 值越大，则说明旋流头喷口的尺寸越小，喷出速度越高。但是，离心力场的大小会对全空间造成多大的影响？如何确定最佳的 S 值？这些都是值得研究的问题。

在环流预汽提组合旋流快分系统现有结构中：

$$S = \frac{\pi \times (572^2 - 108^2)}{4 \times 3 \times 88 \times 29} = 32.35$$

将 S 圆整为 32。下面在喷出气速为 18 m/s 的条件下，S 值分别选 16、24、32、40 四档，研究其对气相流场、湍流强度分布、气体停留时间分布和分离效率的影响。

6.1.1 S 值对气相流场的影响

S 值变化对气相切向速度和轴向速度的影响分别如图 6.1 和图 6.2 所示。由图 6.1 可知，在同一旋流头喷口的喷出气速下，同一截面处切向速度值随着 S 值的增大而增大，且切向速度最大值所处的径向位置略有向外移动的趋势，但气相切向速度分布形态基本相似。由此可见，S 取值较大，无疑能够有利于提高环流预汽提组合旋流快分系统的分离效率。但是，值得注意的是，随着 S 值的增大，切向速度值的增大幅度日益减小，可见，S 值也不可取得过大。由图 6.2 可知，在同一旋流头喷口的喷出气速下，各截面的气相轴向速度分布基本处于重合状态。由此可见，S 值基本不会对气相轴向速度分布造成影响。由于径向速度在三个速度中量级最小，环流预汽提组合旋流快分系统结构优化对其影响很小，故在优化阶段不作分析。

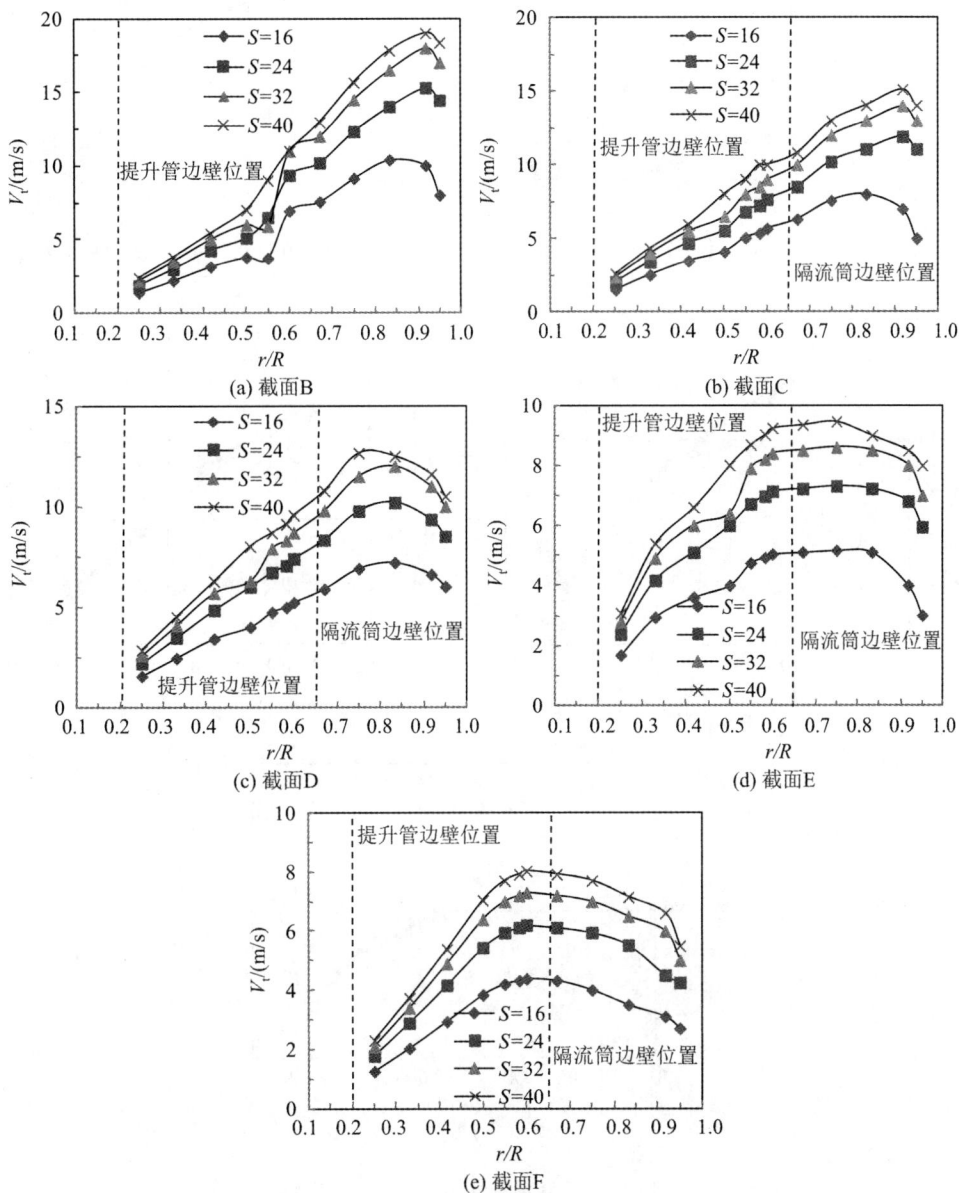

图 6.1　S 值变化对气相切向速度的影响

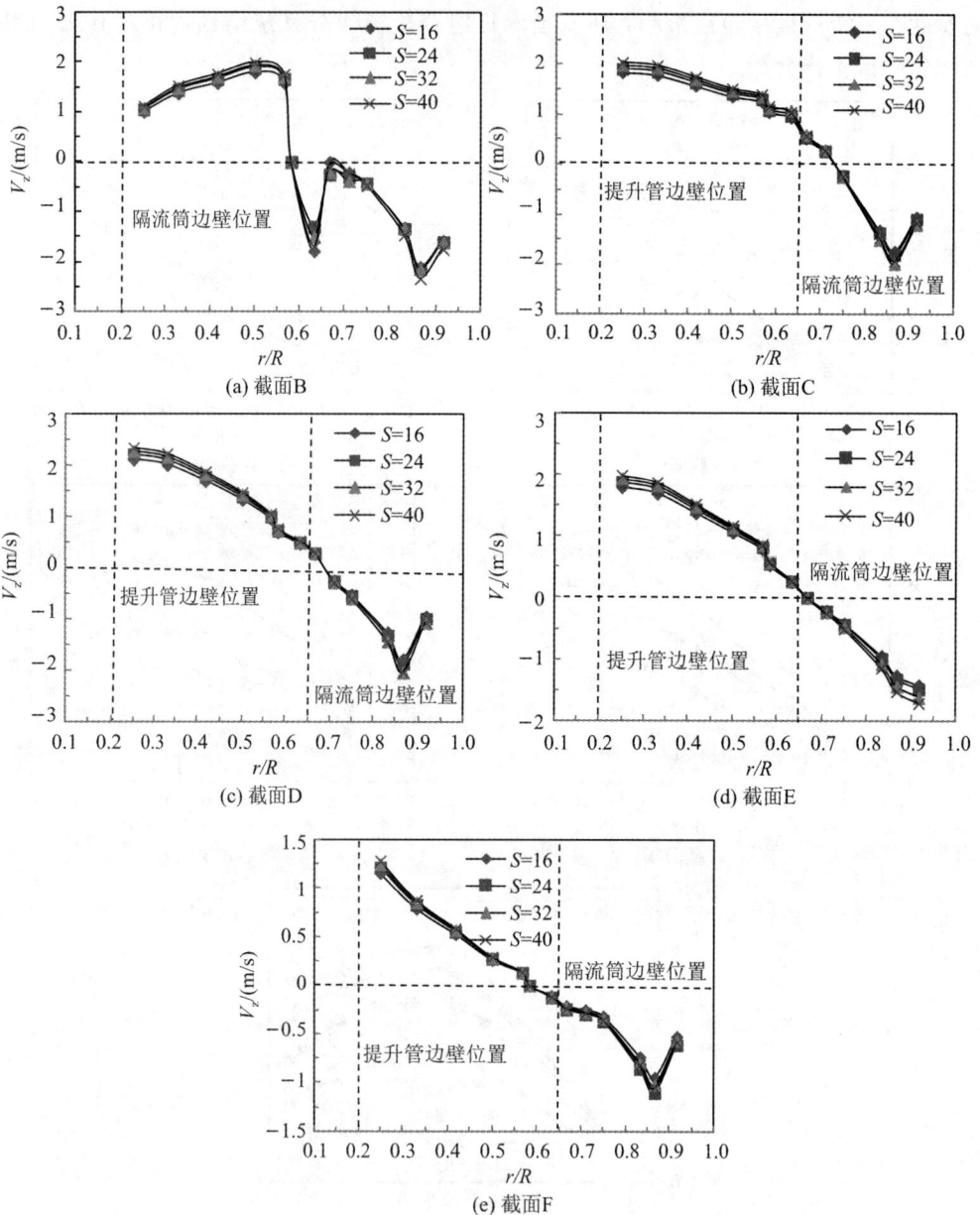

(a) 截面B

(b) 截面C

(c) 截面D

(d) 截面E

(e) 截面F

图 6.2　S 值变化对气相轴向速度的影响

6.1.2　S 值对湍流强度分布的影响

S 值变化对湍流强度分布的影响如图 6.3 所示，由图可见，各截面湍流强度的分布形态及数值大小几乎不受 S 值的影响。由此可见，S 值的变化基本不会对环流预汽提组合旋流快分系统内的湍流强度造成影响。

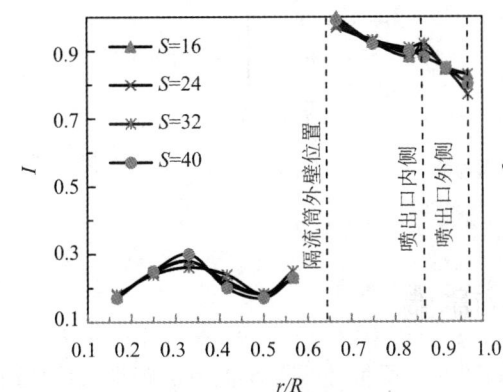

(a) 截面B

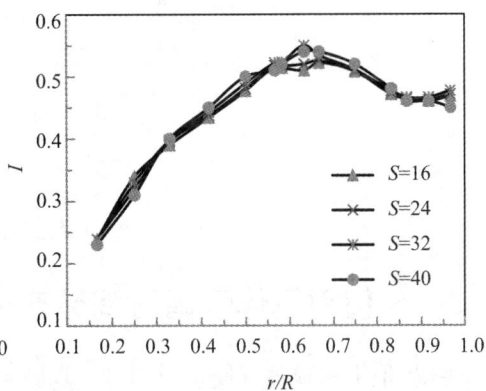

(b) 截面C

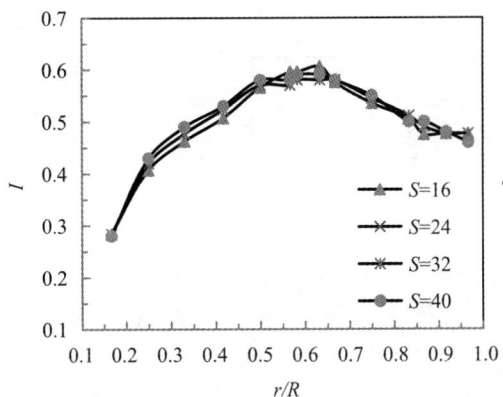

(c) 截面D

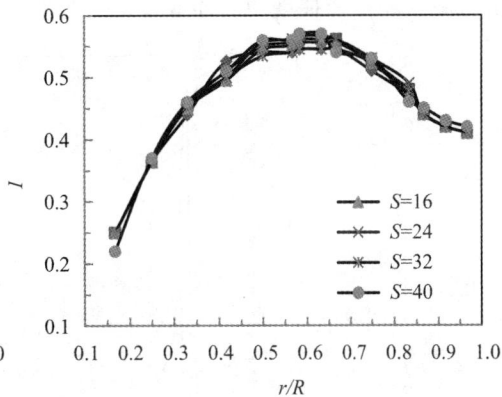

(d) 截面E

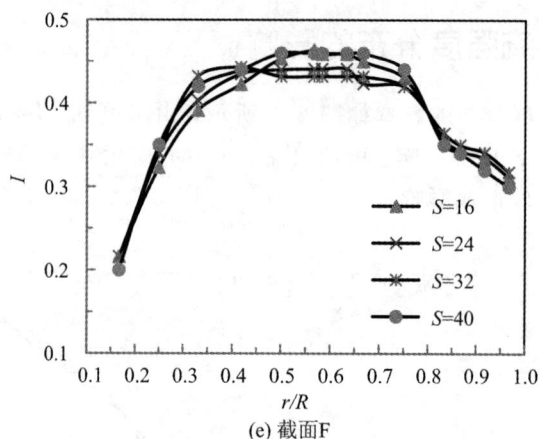

(e) 截面F

图 6.3　S 值变化对湍流强度分布的影响

6.1.3　S 值对气体停留时间分布的影响

不同 S 值下示踪烟气停留时间分布曲线如图 6.4 所示，不同 S 值下示踪烟气停留时间累积分布曲线如图 6.5 所示。由图可知，不同 S 值下示踪烟气停留时间分布曲线基本相似，停留时间累积分布曲线也基本相似。

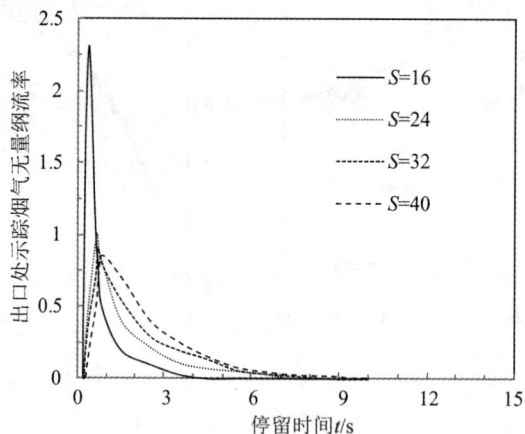

图 6.4　不同 S 值下示踪烟气停留时间分布曲线

不同 S 值下环流预汽提组合旋流快分系统内气体的各特征参数如表 6.1 所示。由表可看出，随着 S 值的增大，气体的 t_{min}、t_{max}、t_{main}、τ、ϕ 等参数都变大。当 S 值取 16 时，气体在环流预汽提组合旋流快分系统内的停留时间均小于 5 s，主要原因在于：当喷出气速一定时，若 S 的取值较小，那么就意味着气量会增大，气体轴向向上的速度也会逐步增大，这样就会减小气体在环流预汽提组合旋流快分系统内的停留时间。由此可见，为了能够将环流预汽提组合旋流快分系统内的气体迅速引出，可适当减小 S 值。

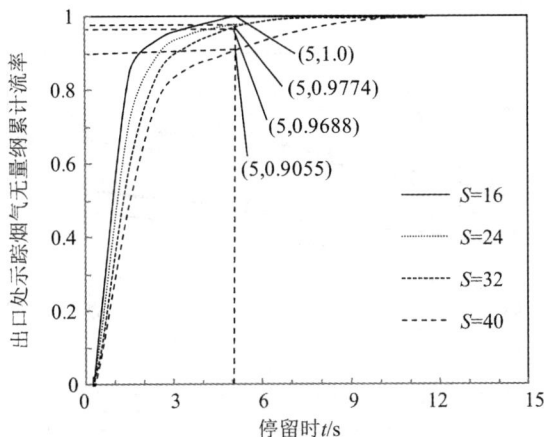

图 6.5　不同 S 值下示踪烟气停留时间累积分布曲线

表 6.1　不同 S 值下环流预汽提组合旋流快分系统内气体的各特征参数

S 值	t_{min}/s	t_{max}/s	t_{main}/s	τ/s	超过 5 s 后气体的 体积分数 $\phi/\%$
16	0.204	4.453	0.408	1.053	0
24	0.218	7.453	0.643	1.653	2.26
32	0.253	8.932	0.723	1.823	3.12
40	0.278	9.321	0.853	2.974	9.45

注：(1) t_{min} 为最小停留时间，表征示踪烟气通过流体系统的最短时间。

(2) t_{max} 为最大停留时间，表征示踪烟气通过流体系统的最长时间。

(3) t_{main} 为主流停留时间，表征主流微元通过流体系统的时间。

(4) τ 为平均停留时间。

6.1.4　S 值对分离效率的影响

在入口颗粒浓度 $C_i=0.5$ kg/m³ 的条件下，S 值变化对分离效率的影响如图 6.6 所示。由图可见，随着 S 值的增大，环流预汽提组合旋流快分系统的分离效率有所提高。这完全证实了前面在论证 S 值变化对气相流场的影响时所做的分析，但 S 值的增大也增大了气体停留时间，尤其是当 $S=40$ 时的气体平均停留时间增加到了 2.974 s，而 $S=32$ 时的气体平均停留时间才为 1.823 s，且 $S=40$ 与 $S=32$ 所对应的分离效率差别较小。因此，在环流预汽提组合旋流快分系统结构优化过程中，在保证分离效率的基础上可尽量缩短气体停留时间，综合考虑 $S=32$ 更为适宜。

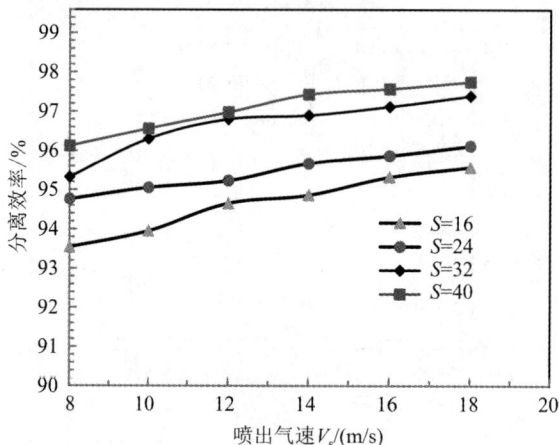

图 6.6 S 值变化对分离效率的影响（$C_i=0.5\ \text{kg/m}^3$）

6.2 封闭罩结构尺寸的优化

根据旋风分离器的结构形式，下面提出一种将封闭罩下端由直筒型结构改为锥筒型结构的旋流快分系统，取 $S=32$，喷出气速 V_s 为 18 m/s。

6.2.1 锥筒与旋流头喷口距离的优化

将锥筒与旋流头喷口距离设置为 H_i，原结构中 $H_i=3.4$ m，在锥筒锥角为 30°及锥筒出口直径为 150 mm 时，另外再选取 H_i 分别为 0.858 m、1.716 m、2.574 m、4.29 m（即 $H_i/D=1.5$、3、4.5、7.5，D 为封闭罩内直径）来进行模拟研究。

锥筒与旋流头喷口距离对气相切向速度分布的影响如图 6.7 所示。由图可知：在同一旋流头喷口的喷出气速下，切向速度值随着 H_i 的减小而减小，分布曲线形态基本相似，且随着 H_i 的不断减小，C、D、E、F 截面切向速度值的减小幅度会逐渐增加，主要原因在于：随着 H_i 的减小，气体就会越快地进入锥筒中，气相切向速度衰减就会越快。锥筒与旋流头喷口距离对气相轴向速度分布的影响如图 6.8 所示，由图可知：若喷出气速相同，则各截面的上行流轴向速度会随着 H_i 的减小而略有增加,下行流轴向速度会随着 H_i 的减小而略有减小,这说明缩短锥筒与旋流头喷口距离对迅速引出油气是较为有效的。

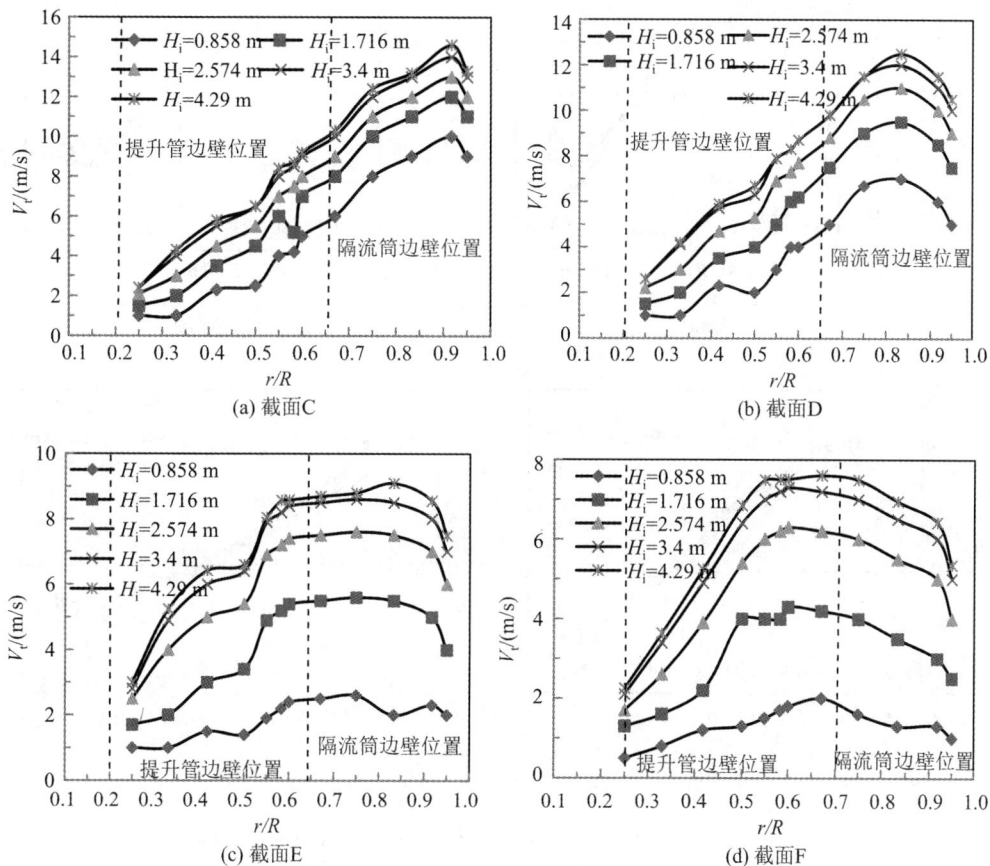

图 6.7　锥筒与旋流头喷口距离对气相切向速度分布的影响

不同 H_i 值下示踪烟气停留时间分布曲线如图 6.9(a)所示,不同 H_i 值下示踪烟气停留时间累积分布曲线如图 6.9(b)所示。由图可知,不同 H_i 值下示踪烟气停留时间分布曲线基本相似,停留时间累积分布曲线也基本相似。不同 H_i 值下环流预汽提组合旋流快分系统内气体的各特征参数如表 6.2 所示。由表可以看出,随着 H_i 值的增大,气体的 t_{min}、t_{max}、t_{main}、τ、ϕ 等参数都变大;H_i 取值越小,气体在环流预汽提组合旋流快分系统内的停留时间越短。由此可见,为了能够将环流预汽提组合旋流快分系统内的气体迅速引出,可适当减小 H_i 值。

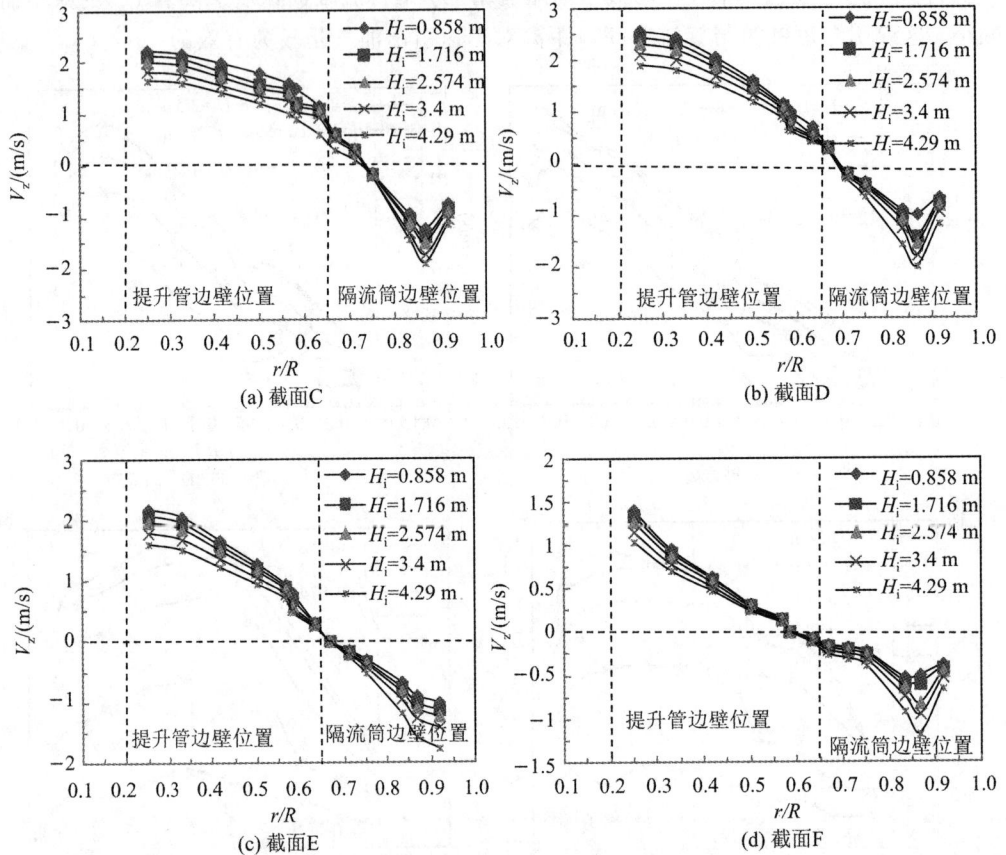

图 6.8 锥筒与旋流头喷口距离对气相轴向速度分布的影响

表 6.2 不同 H_i 值下环流预汽提组合旋流快分系统内气体的各特征参数

H_i/m	t_{min}/s	t_{max}/s	t_{main}/s	τ/s	超过 5 s 后气体的体积分数 ϕ/%
0.858	0.098	1.44	0.143	0.323	0
1.716	0.174	3.12	0.324	0.734	0
2.574	0.213	5.234	0.532	1.141	0.54
3.4	0.253	8.932	0.723	1.823	3.12
4.29	0.423	9.176	1.324	2.453	4.65

锥筒与旋流头喷口距离对环流预汽提组合旋流快分系统分离效率的影响如图 6.10 所示。由图可知：若锥筒与旋流头喷口距离较长，那么会增长颗粒在流场中的停留时间，可让

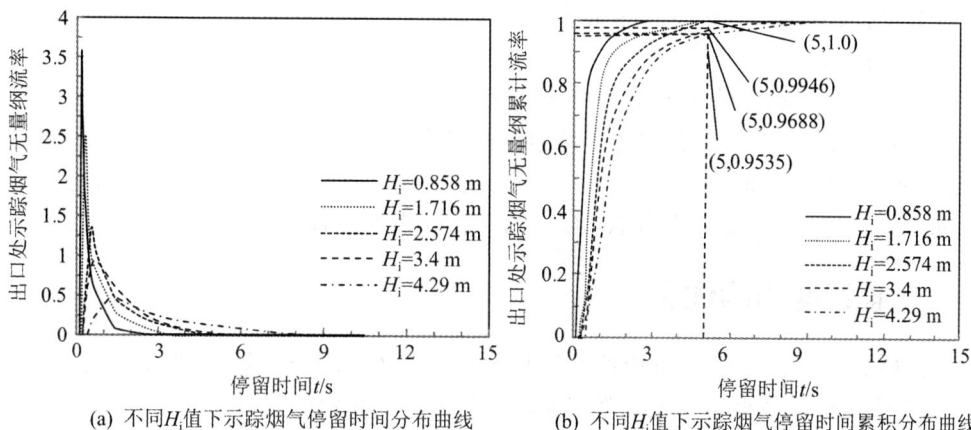

(a) 不同H_i值下示踪烟气停留时间分布曲线　　(b) 不同H_i值下示踪烟气停留时间累积分布曲线

图 6.9　不同 H_i 值下示踪烟气停留时间分布曲线和停留时间累积分布曲线

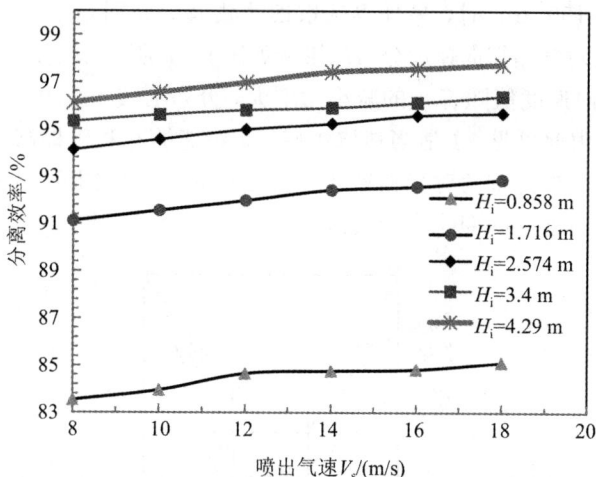

图 6.10　锥筒与旋流头喷口距离对环流预汽提组合旋流快分系统分离效率的影响

颗粒被分离的概率大幅度增加，并且还能够让更多未到达锥筒的颗粒分离出来，降低二次流夹带；若锥筒与旋流头喷口距离过短，那么就会有相当数量的旋风尾涡以较高的旋转速度进入锥筒中，会重新卷起已沉降到锥体段内表面的颗粒，并且由旋转向上的内旋流带出，这样必将会降低环流预汽提组合旋流快分系统的分离效率。此外，在离心力的作用下，由气流带出的颗粒会被强烈地挤压到锥形挡板上而严重磨蚀锥筒的内表面。但值得注意的是，若锥筒与旋流头喷口距离过长，那么必然会占据较大的空间，也会大幅度增加气体停留时间，这对于工业生产不利。

　　总之，$H_i = 2.574$ m 所对应的分离效率与原结构（$H_i = 3.4$ m）相近，略低于 $H_i = 4.29$ m

所对应的分离效率。以 $V_s=18$ m/s 时为例，当 H_i 分别为 2.574 m、3.4 m、4.29 m 时的分离效率分别为 95.67%、96.39%、97.75%，$H_i=2.574$ m 时的分离效率与 $H_i=3.4$ m 和 $H_i=4.29$ m 时的分离效率相比，降低幅度分别为 0.75% 和 2.17%；而 H_i 分别为 2.574 m、3.4 m、4.29 m 时的气体平均停留时间分别为 1.141 s、1.823 s、2.453 s，$H_i=2.574$ m 时的气体停留时间与 $H_i=3.4$ m 和 $H_i=4.29$ m 时的气体停留时间相比，分别缩短了 59.77%、114.99%。综合考虑，$H_i=2.574$ m 更为适宜。

6.2.2 锥筒锥角的优化

保持锥筒出口直径不变，将挡板出口上下平行移动来改变锥角，实质是改变锥筒锥体高度。改变锥筒锥角 ψ 既可改变下降气流转变为上升气流的时间，又可改变气流速度的变化梯度，有可能会影响到环流预汽提组合旋流快分系统的分离效率。因此，需要对锥筒锥角进行优化。原结构中 $\psi=30°$，当锥筒与旋流头喷口距离 $H_i/D=4.5$（即 $H_i=2.574$ m）及锥筒出口直径 $D_{out}=150$ mm 时，另外再选取四个锥角，分别是 20°、25°、35°、40°，如图 6.11 所示。锥筒锥角对气相切向速度分布的影响如图 6.12 所示。由图可知：在同一旋流头喷口的喷出气速下，切向速度值随着 ψ 的减小而增大，分布曲线形态基本相似，但 ψ 过小，又会降低切向速度值。由此可见，ψ 适当地取小些，无疑能够有利于提高环流预汽提组合旋流快分系统的分离效率。锥筒锥角对气相轴向速度分布的影响如图 6.13 所示。由图可知：若喷出气速相同，则锥筒锥角的变化会给气流的轴向速度带来一些影响，但影响极小。

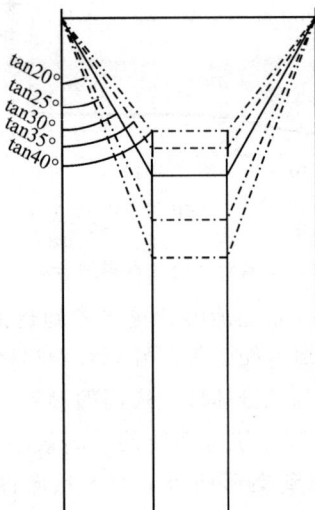

图 6.11 锥筒锥角的变化

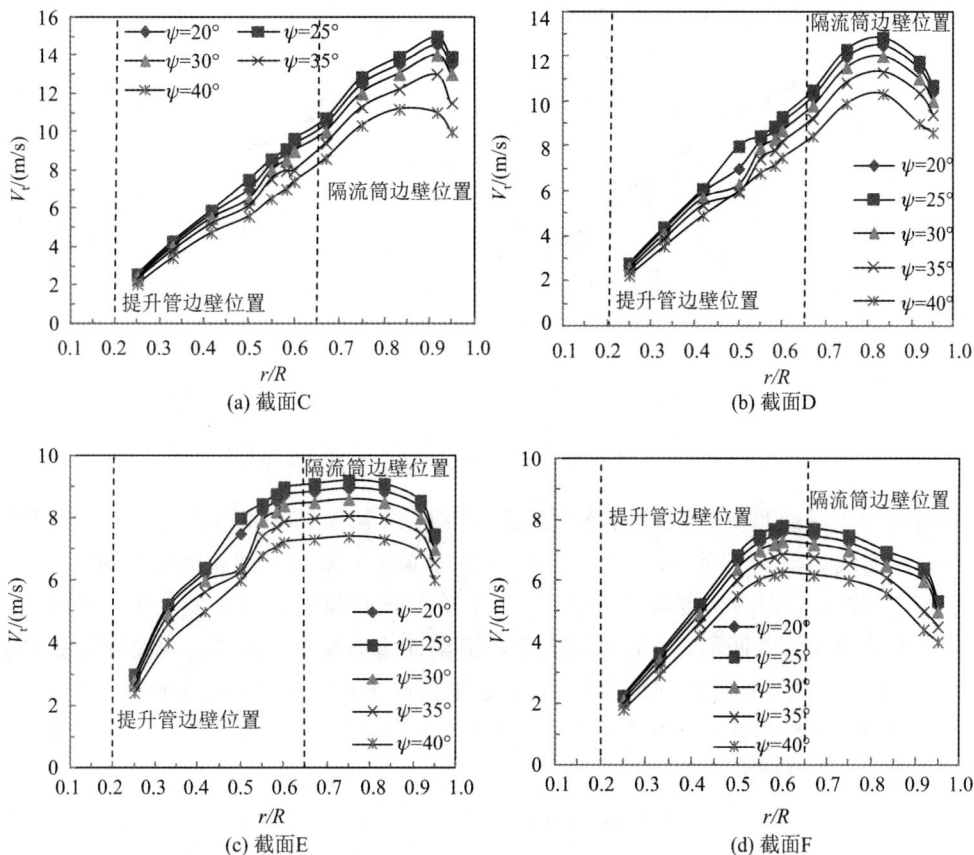

图 6.12　锥筒锥角对气相切向速度分布的影响

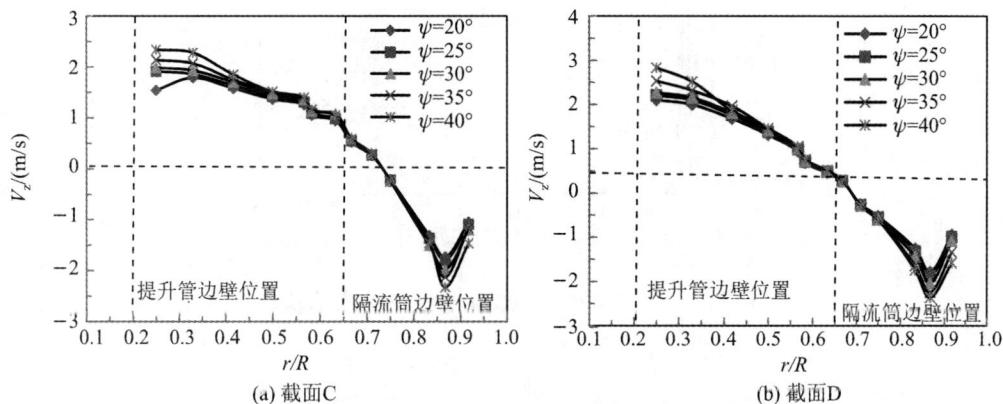

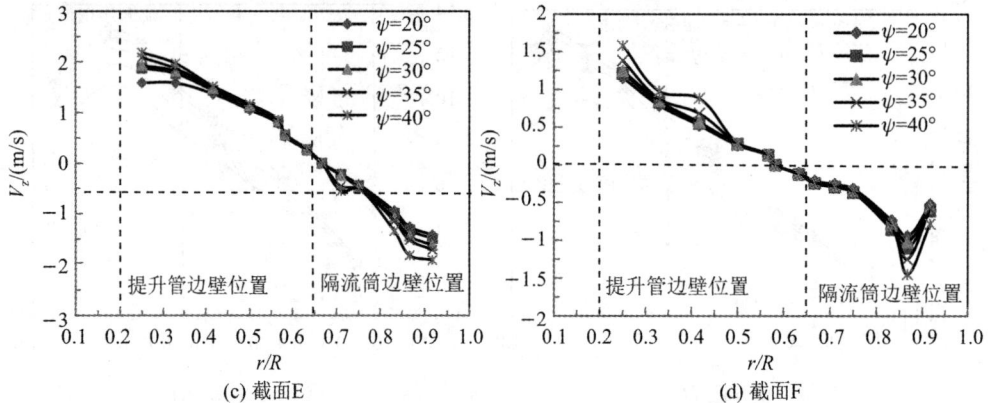

(c) 截面E   (d) 截面F

图 6.13   锥筒锥角对气相轴向速度分布的影响

不同 ψ 值下示踪烟气停留时间分布曲线如图 6.14 所示，不同 ψ 值下示踪烟气停留时间累积分布曲线如图 6.15 所示。由图可知，不同 ψ 值下示踪烟气停留时间分布曲线基本相似，停留时间累积分布曲线也基本相似。不同 ψ 值下环流预汽提组合旋流快分系统内气体的各特征参数如表 6.3 所示，由表可以看出，随着 ψ 值的减小，实质上也是随着锥体高度的增加，气体在锥筒内的停留时间会增加，ψ 值取值越小，那么气体在环流预汽提组合旋流快分系统内的停留时间越长。由此可见，为了能够将环流预汽提组合旋流快分系统内的气体迅速引出，可适当增大 ψ 值。

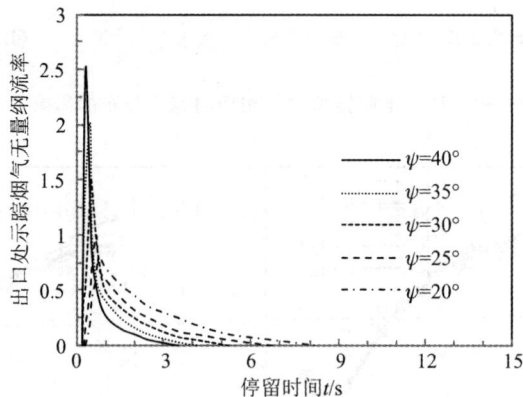

图 6.14   不同 ψ 值下示踪烟气停留时间分布曲线

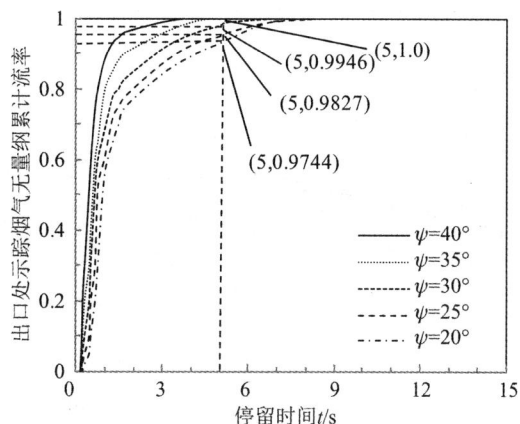

图 6.15　不同 ψ 值下示踪烟气停留时间累积分布曲线

表 6.3　不同 ψ 值下环流预汽提组合旋流快分系统内气体的各特征参数

$\psi/°$	t_{min}/s	t_{max}/s	t_{main}/s	τ/s	超过 5 s 后气体的体积分数 $\phi/\%$
20	0.254	8.323	0.776	1.734	2.56
25	0.232	6.733	0.682	1.383	1.73
30	0.213	5.234	0.532	1.141	0.54
35	0.195	4.154	0.482	0.954	0
40	0.174	3.123	0.324	0.804	0

　　锥筒锥角对环流预汽提组合旋流快分系统分离效率的影响如图 6.16 所示。由图可知：随着锥筒锥角的减小，颗粒在锥筒内的运动时间会增加，就会有越多的颗粒在离心力作用下被甩到器壁上；与此同时，锥体高度越大，筒壁与气流的摩擦也会越大，进而降低压降，分离效率必然会得到提高；当锥角减小到一定值后，分离效率会达到峰值。但是，锥筒锥角过小，又会导致气流旋涡出现紊乱，二次涡流会重新卷起已沉降到锥体段内表面的颗粒，并且由旋转向上的内旋流带出，这样必将会降低环流预汽提组合旋流快分系统的分离效率。

　　总之，$\phi=20°$、$25°$、$30°$ 所对应的分离效率要略大于 $\phi=35°$ 所对应的分离效率，但差距较小。以 $V_s=18$ m/s 时为例，ϕ 为 $20°$、$25°$、$30°$、$35°$ 时的分离效率分别为 95.86%、96.05%、95.67%、95.38%，$\phi=35°$ 时的分离效率与 ϕ 为 $20°$、$25°$、$30°$ 时的分离效率相比，降低幅度分别为 0.50%、0.70%、0.30%；而 ϕ 为 $20°$、$25°$、$30°$、$35°$ 时的气体平均停留时

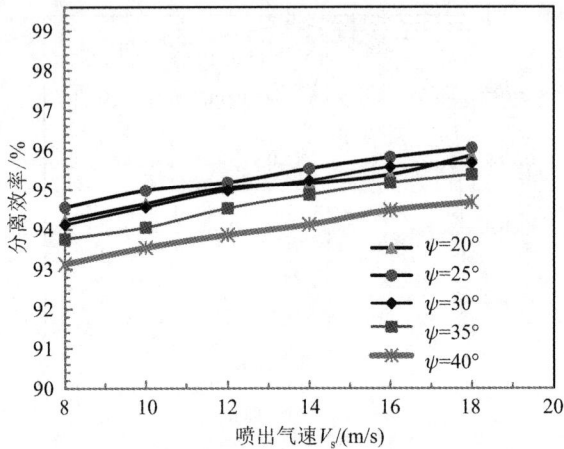

图 6.16 锥筒锥角对环流预汽提组合旋流快分系统分离效率的影响

间分别为 1.734 s、1.383 s、1.141 s、0.954 s，$\psi=35°$ 时的气体平均停留时间与 ψ 为 20°、25°、30° 时的气体平均停留时间相比，分别缩短了 81.76%、44.97%、19.60%。综合考虑，$\psi=35°$ 更为适宜。

6.2.3 锥筒出口直径的优化

将锥筒出口直径设置为 D_{out}，在 D_{out} 改变的同时，锥筒与旋流头喷口距离 $H_i=2.574$ m（即 $H_i/D=4.5$），锥筒锥角为 35°。原结构中 $D_{out}=150$ mm，另外再选取三个出口尺寸，分别是 130 mm、170 mm、190 mm。锥筒出口直径对气相切向速度分布的影响如图 6.17 所示。由图可知：在同一旋流头喷口的喷出气速下，切向速度值随着 D_{out} 的增大而增大，

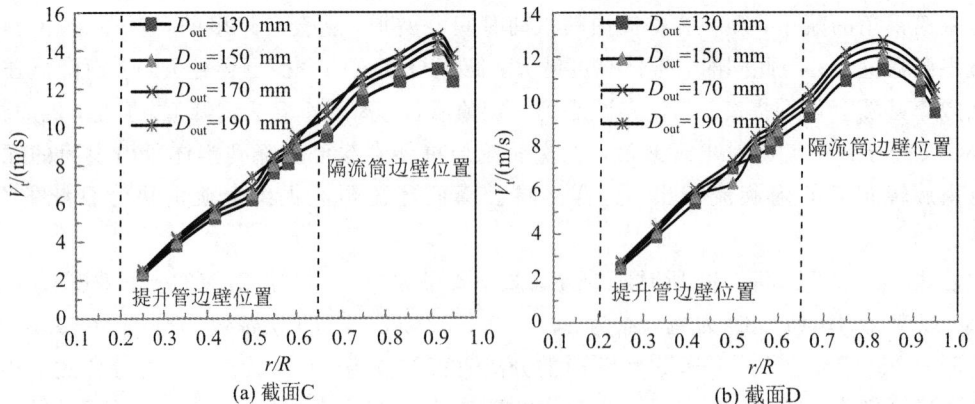

(a) 截面C

(b) 截面D

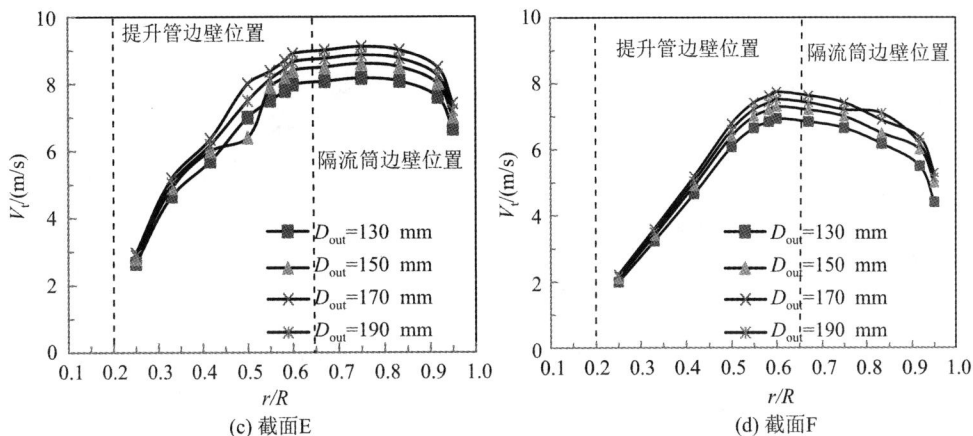

(c) 截面E　　　　　　　　　　(d) 截面F

图 6.17　锥筒出口直径对气相切向速度分布的影响

分布曲线形态基本相似，但 D_{out} 过大，切向速度值又会有所降低。由此可见，D_{out} 取大些，无疑能够有利于提高环流预汽提组合旋流快分系统的分离效率，主要原因在于：随着锥筒出口直径 D_{out} 的增大，既有利于固体颗粒的下落，又有利于降低固体颗粒冲向气流尾涡的概率。由此可见，较大的锥筒出口直径，便于收集颗粒。锥筒出口直径对气相轴向速度分布的影响如图 6.18 所示。由图可知：在同一旋流头喷口的喷出气速下，各截面的气相轴向速度分布基本处于重合状态。由此可见，锥筒出口直径的变化基本不会给气流的轴向速度带来影响。不同 D_{out} 值下示踪烟气停留时间分布曲线如图 6.19 所示，不同 D_{out} 值下示踪烟气停留时间累积分布曲线如图 6.20 所示。由图可知：不同 D_{out} 值下示踪烟气停留时间分布曲线基本相似，停留时间累积分布曲线也基本相似。

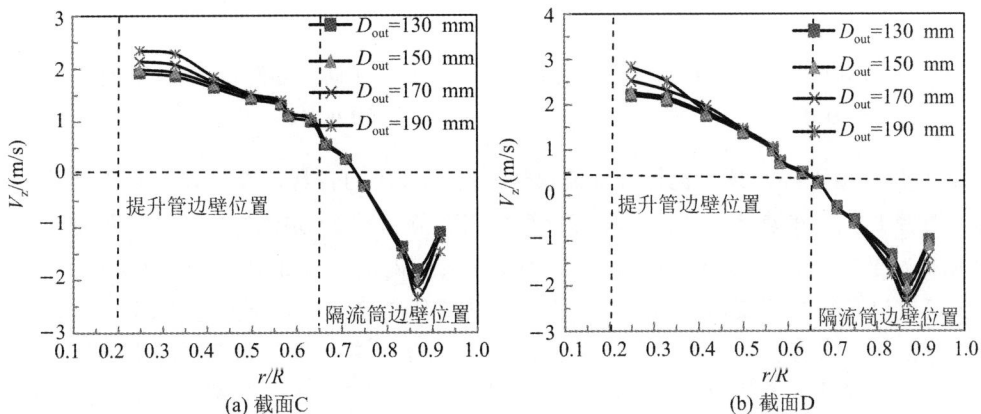

(a) 截面C　　　　　　　　　　(b) 截面D

(c) 截面E

(d) 截面F

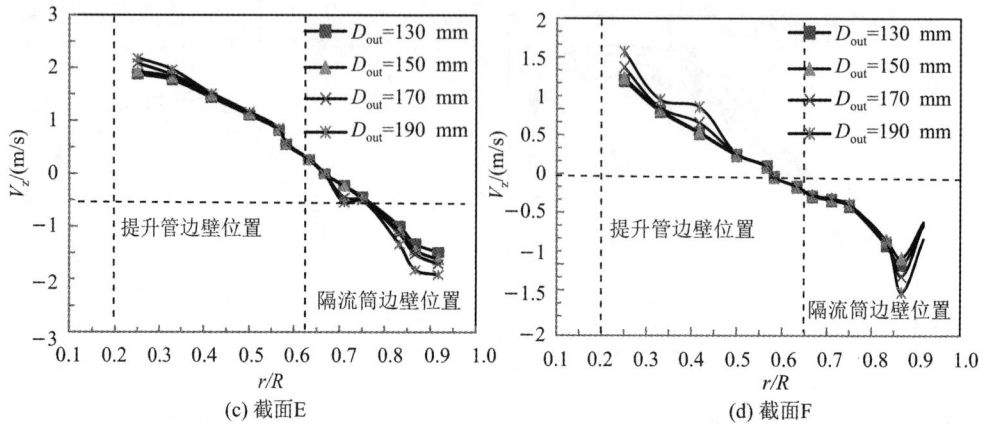

图 6.18　锥筒出口直径对气相轴向速度分布的影响

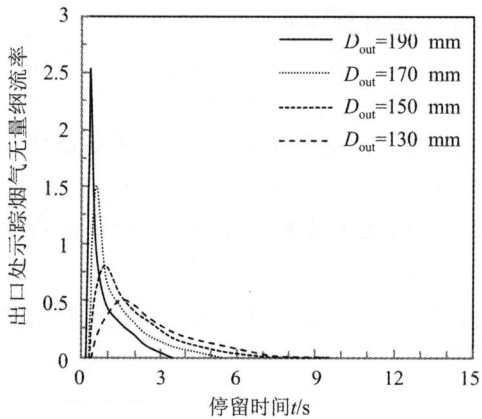

图 6.19　不同 D_{out} 值下示踪烟气停留时间　　图 6.20　不同 D_{out} 值下示踪烟气停留时间累积
　　　　　分布曲线　　　　　　　　　　　　　　　　　分布曲线

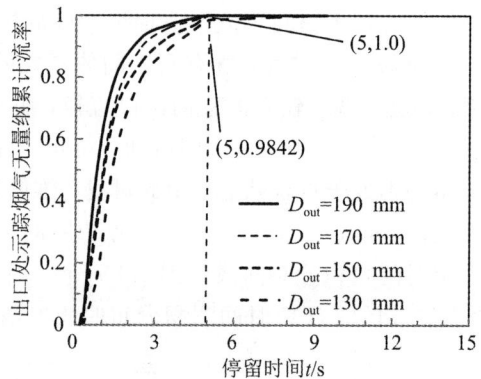

　　不同 D_{out} 值下环流预汽提组合旋流快分系统内气体的各特征参数如表 6.4 所示。由表可见，随着 D_{out} 值的增大，气体在环流预汽提组合旋流快分系统内的停留时间会缩短。由此可见，为了能够将环流预汽提组合旋流快分系统内的气体迅速引出，可适当增大 D_{out} 值。锥筒出口直径对环流预汽提组合旋流快分系统分离效率的影响如图 6.21 所示。由图可知：随着锥筒出口直径的增大，分离效率增加。但是，并非锥筒出口直径越大越好，出口尺寸过大，既会降低气流的旋转速度，又会减小颗粒所受的离心力，这样一来，就会导致过多气流进入环流预汽提段，易于重新扬起环流预汽提段内已收集好的固体颗粒，这样必将会降低环流预汽提组合旋流快分系统的分离效率。

表 6.4　不同 D_{out} 值下环流预汽提组合旋流快分系统内气体的各特征参数

D_{out}/mm	t_{min}/s	t_{max}/s	t_{main}/s	τ/s	超过 5 s 后气体的体积分数 $\phi/\%$
130	0.232	6.733	0.682	1.304	1.58
150	0.195	4.154	0.482	0.954	0
170	0.178	3.132	0.345	0.775	0
190	0.153	2.232	0.232	0.615	0

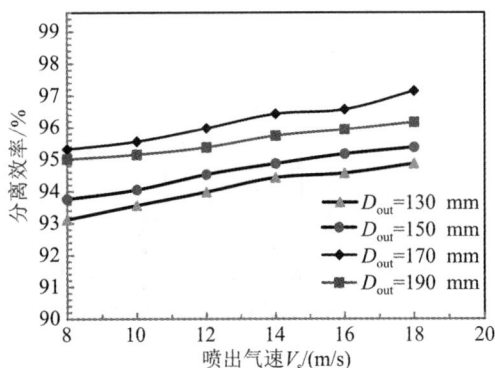

图 6.21　锥筒出口直径对环流预汽提组合旋流快分系统分离效率的影响

总之，无论是从气体停留时间来考虑，还是基于分离效率来看，$D_{out}=170$ mm 都明显是最佳的选择，均优于其他锥筒出口直径。

6.3　环流预汽提段的结构优化

6.3.1　环流预汽提段的颗粒流动情况

环流预汽提组合旋流快分系统中耦合的环流预汽提段(如图 6.22 所示)被导流筒分为四个区域，分别是环隙区、导流筒区、气固分离区、底部区。通过数值模拟的方式来分析环流预汽提段内颗粒的流动情况，无疑能够为环流预汽提组合旋流快分系统中的环流预汽提段的结构优化提供有效参考依据。在数值模拟过程中，底部汽提气速设为 0 m/s，颗粒循环流量为 100(kg/m²)/s，导流筒气速 u_{gd} 分别选 0.2 m/s、0.3 m/s、0.4 m/s、0.5 m/s、0.54 m/s，环隙气速 u_{gr} 为 0.03 m/s。将环管式气体分布器(开孔率=0.2%)放置在环隙区底部,将莲蓬头式气体分布器(开孔率为0.8%)放置在导流筒底部,垂直向上进气。沿着轴向位置,设置一个高度参数h(导流筒轴向高度),h的基准点为环隙气体分布板,即$h_{基准}=0$ mm,向上为正,导流筒底部位置$h_{底}=240$ mm,导流筒顶部位置$h_{顶}=740$ mm。下面主要从时均颗粒速率、床层颗粒密度两个方面来分析环流预汽提段内的颗粒流动情况。

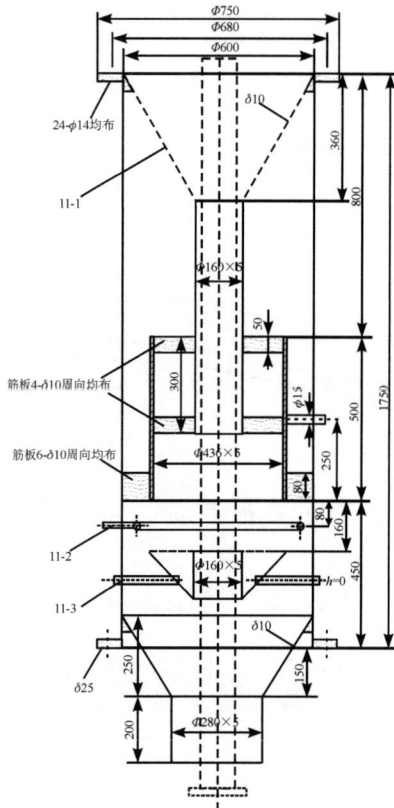

图 6.22 环流预汽提组合旋流快分系统的预汽提段

1. 模型验证

为了能够对数学模型的有效性进行验证,下面在装置无出料、无进料(即$G_s=0$(kg/m²)/s)的情况下对环流预汽提段进行模拟。模拟条件为:环隙气速u_{gr}为0.03 m/s,导流筒气速u_{gd}为0.5 m/s。在这种操作情况下,颗粒会在环流预汽提段内部的导流筒区、环隙区循环流动。分别选取环流预汽提段的底部区中部、导流筒区中部、环隙区中部、气固分离区四个位置,其沿径向分布的时均颗粒速率u和床层颗粒密度ρ的模拟值与实验值的对比分别如图6.23和图6.24所示。由对比结果可见,实验值与模拟值接近且趋势一致,从而验证了所建模型的可靠性。

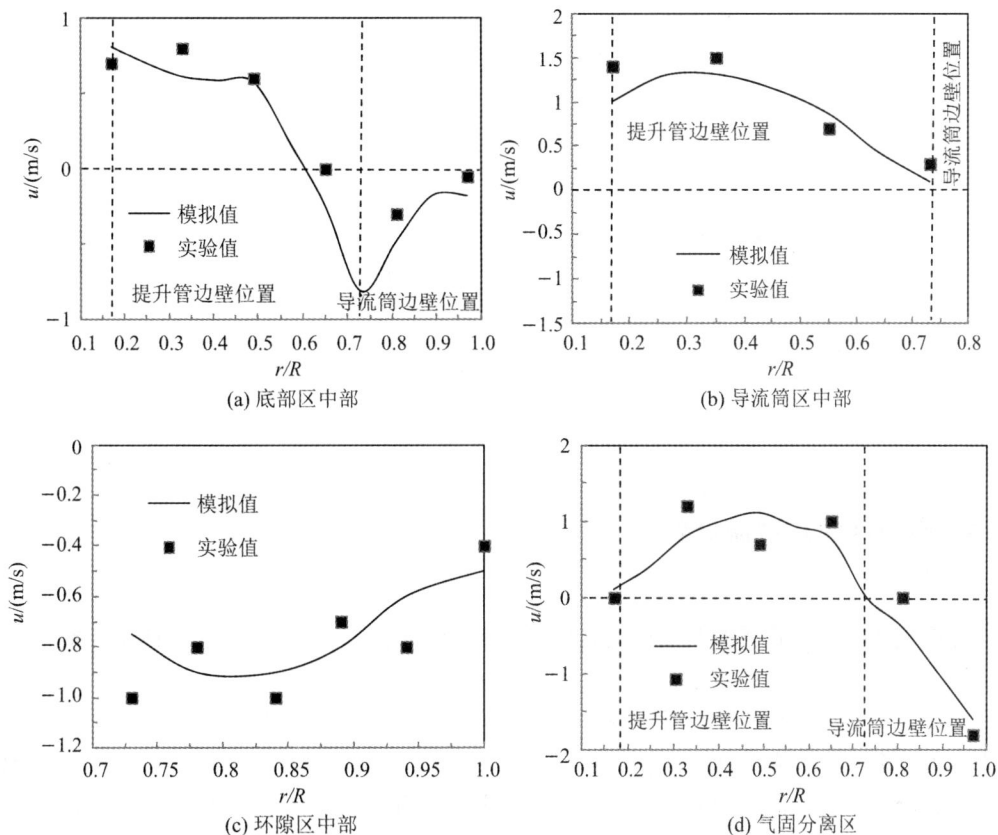

(a) 底部区中部

(b) 导流筒区中部

(c) 环隙区中部

(d) 气固分离区

图 6.23　沿径向分布的时均颗粒速率的模拟值与实验值的对比

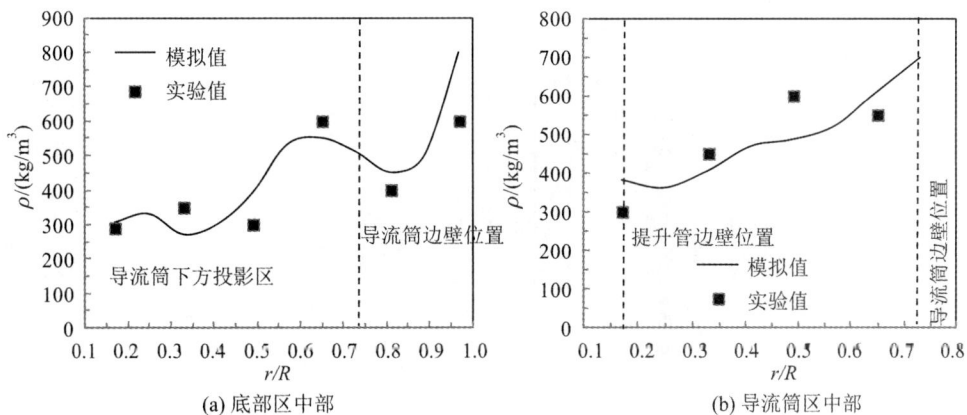

(a) 底部区中部

(b) 导流筒区中部

(c) 环隙区中部　　　　　　　　　　　　(d) 气固分离区

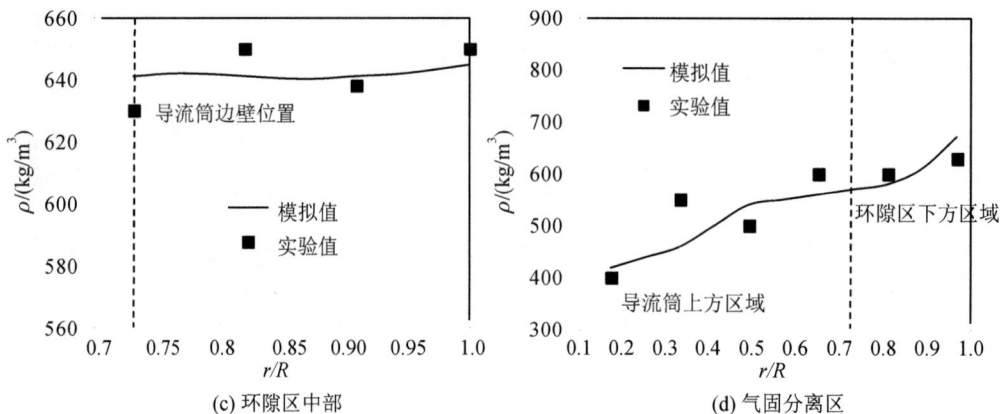

图 6.24　沿径向分布的床层颗粒密度的模拟值与实验值的对比

2. 底部区的颗粒流动特性

1) 时均颗粒速率

底部区是指导流筒下沿与导流筒区气体分布器之间的区域。底部区固体颗粒时均速度矢量图如图 6.25 所示(模拟条件为 $u_{gd}=0.5$ m/s，$u_{gr}=0.03$ m/s，$G_s=100$ kg/($m^2 \cdot s$))。由图可知，当来自环隙区内的固体颗粒向下流入底部区之后，这些固体颗料就会在底部区内进行水平流动，并且还会与气体射流进行错流接触，并在其强烈干扰下产生较大的混合现象；待混合完毕之后，固体颗粒则会由水平流动变为向上流动，进而流入导流筒内。

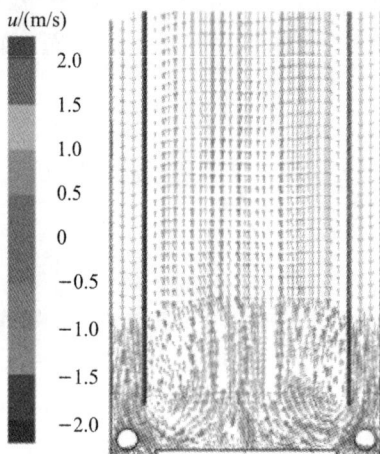

图 6.25　底部区固体颗粒时均速度矢量图

底部区时均颗粒速率 u 的径向分布如图 6.26 所示,由图可知:

(1) 固体颗粒在环隙底部投影区($0.8<r/R<1.0$)的流动速度较小,且流动方向向下。主要原因在于:第一,环隙分布器阻挡了固体颗粒的流动,固体颗粒会由水平流动变为向上流动,颗粒的流动阻力会随着流动方向的变化而增加;第二,环隙区的表观气速较低。

(2) 有相当数量的固体颗粒会在两个分布器之间($0.73<r/R<0.8$)的空隙处流出,导致此区域内的固含率出现明显的降低现象,但是这个区域已经不会再有环隙分布器来阻挡固体颗粒的运动,因此颗粒的流动阻力必然会降低,进而导致向下的时均颗粒速率增加。

(3) 当固体颗粒流动到导流筒底部投影区($0.17<r/R<0.73$)后,就会被气体不断带入导流筒中,向上的时均颗粒速率则会随着径向位置的减小而增大。

(4) 随着导流筒气速的逐渐增大,导流筒底部投影区中的时均颗粒速率会明显增大,环隙底部投影区中的时均颗粒速率基本不变。

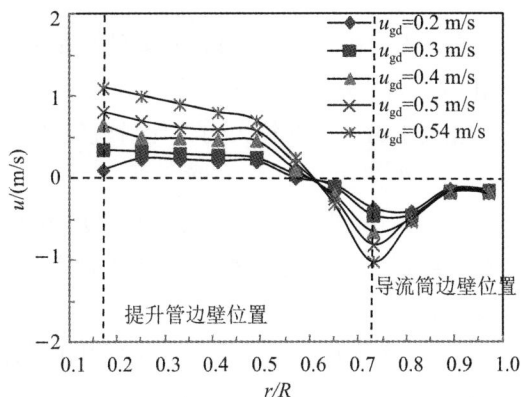

图 6.26 底部区时均颗粒速率的径向分布

2)床层颗粒密度

底部区床层颗粒密度 ρ 的径向分布如图 6.27 所示,由图可知:

(1) 与其他区域相比,环隙底部投影区($0.8<r/R<1.0$)的床层颗粒密度明显更大,主要原因在于:导流筒底部投影区通入了较多的流化风量,造成这些区域的气含率明显要大于环隙底部投影区,导致环隙底部投影区的床层颗粒密度明显更大。环隙底部投影区与其他区域存在着较为明显的密度差,这就为固体颗粒的顺利流动提供了推动力,促使固体颗粒在导流筒区、环隙区进行环流流动。

(2) 在导流筒底部投影区($0.17<r/R<0.73$),床层颗粒密度沿径向的分布基本变化不大,处于较为均匀的状态,主要原因在于:来自环隙区的固体颗粒沿着径向位置流入导流筒底部投影区时,会较好地破碎、剪切掉来自气体分布器的气流,让气固间能够更加充

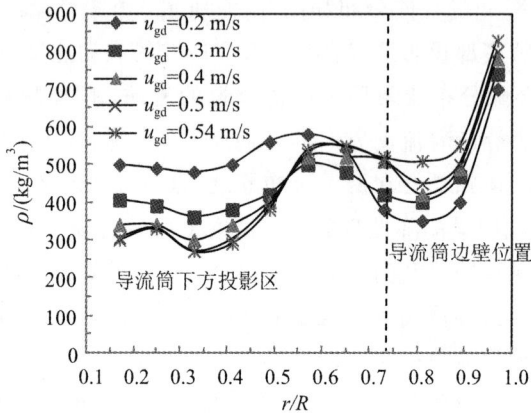

图 6.27 底部区床层颗粒密度的径向分布

分、有效地混合与接触，这样一来，床层颗粒密度沿径向的分布就会变化不大。但是，床层颗粒密度在 $r/R = 0.31$ 处出现了较大幅度的减小，主要原因在于：$r/R = 0.31$ 的径向位置正好是莲蓬头式分布器的开孔处上方，会有较大的气体射流线速，该位置所对应的床层颗粒密度自然会出现较大幅度的减小。

（3）床层颗粒密度在 $r/R = 0.62$ 处出现了导流筒底部投影区的最大值，主要原因在于：$r/R = 0.62$ 的径向位置已经不再位于莲蓬头式分布器的开孔范围（$r/R = 0.60$）之内，自然床层颗粒密度会大幅度增大。

（4）床层颗粒密度在 $r/R = 0.8$ 附近逐渐下降，主要原因在于：固体颗粒绕过导流筒下沿，从导流筒底部投影区径向流入环隙底部投影区时，会在相交处出现"绕流"现象，即会在 $r/R = 0.8$ 附近出现低密度区。

（5）随着导流筒气速的逐渐增大，导流筒底部投影区的床层颗粒密度会减小，环隙底部投影区中的床层颗粒密度则会增大。

3. 导流筒区的颗粒流动特性

1）时均颗粒速率

导流筒区中部时均颗粒速率 u 的径向分布如图 6.28 所示。由图可知：

（1）最大颗粒速率出现在提升管边壁下方，这对于沿径向方向的固体颗粒混合有较好的促进作用。随着径向位置逐步增大，颗粒速率会出现下降。

（2）随着导流筒区气速的逐渐增大，时均颗粒速率也增大，这说明导流筒区气速的增大有助于提高固体颗粒的环流速度。

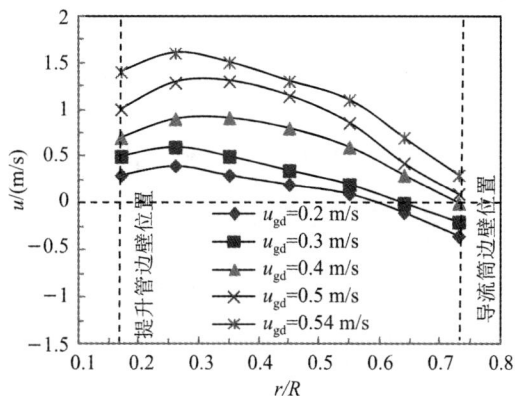

图 6.28　导流筒区中部时均颗粒速率的径向分布

导流筒区时均颗粒速率 u 沿轴向的分布如图 6.29 所示。由图可知：随着轴向位置的增大，导流筒区时均颗粒速率的变化较小，略有波动。

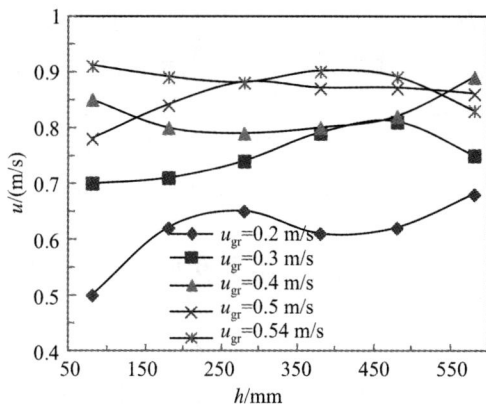

图 6.29　导流筒区时均颗粒速率沿轴向的分布

2）床层颗粒密度

导流筒区中部床层颗粒密度 ρ 的径向分布如图 6.30 所示。由图可知：

（1）沿着径向位置来看，导流筒区中部床层颗粒密度的分布呈现出典型的"环-核"型，即边壁区大、中心区小。

（2）床层颗粒密度在中心区（$0.17 < r/R < 0.42$）的分布基本变化不大，处于较为均匀的状态；床层颗粒密度在近壁区（$0.42 < r/R < 0.73$）却出现了较大幅度的增加，主要原因在于：固体颗粒之间的相互作用、壁面与固体颗粒之间的相互作用、床层内气体速度分布不均匀等因素都会导致出现"导流筒区中部床层颗粒密度沿径向位置分布不均匀"的现象。

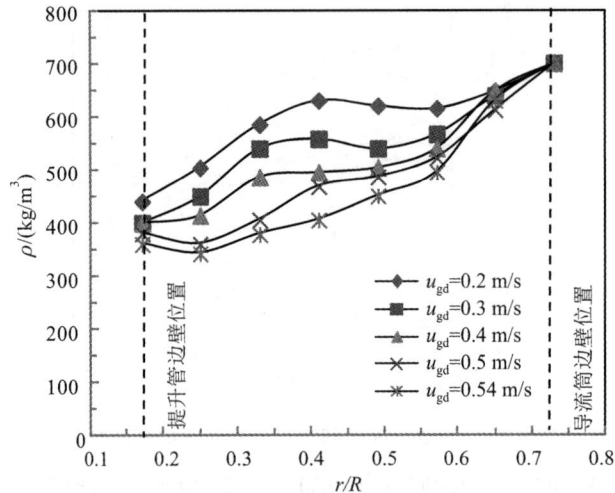

图 6.30　导流筒区中部床层颗粒密度的径向分布

中心区的气体对于固体颗粒有较大的曳力，能够夹带一定量的固体颗粒向上流动，进而导致中心区的床层颗粒密度较小。近壁区，尤其是在导流筒壁面附近的气体速度相对较小，那么对于固体颗粒的曳力也会相应较小，进而导致气体很难将固体颗粒全部带走；与此同时，近壁处的固体颗粒由于和壁面不断地摩擦，造成颗粒运动速度不断变小，时间一长就会形成固体颗粒团聚物，导致气体更难带走处于边壁区的固体颗粒，因此，边壁区的床层颗粒密度较大。

（3）随着导流筒气速的逐渐增大，中心区的床层颗粒密度有所降低，但在靠近导流筒边壁处的床层颗粒密度基本无变化。

导流筒区不同截面的平均颗粒密度沿轴向的分布如图 6.31 所示。由图可知：

（1）随着轴向位置的增大，导流筒区不同截面的平均颗粒密度的分布较为均匀，变化不大。但是，从导流筒底部位置（$h=80$ mm）开始，平均颗粒密度都随着轴向位置的增大而增大，一直持续到 $h=356$ mm，主要原因在于：当 h 处于 80～356 mm 时，这些截面与底部气体分布器的距离较小，来自气体分布器的气流会促使固体颗粒加速上升，平均颗粒密度逐步增大；但当 h 为 356～580 mm 时，固体颗粒已经处于充分发展状态，平均颗粒密度又会有所下降，而后基本保持不变。

（2）随着导流筒气速的逐渐增大，导流筒区的气含量也会随之增加，所以，导流筒区同一轴向位置处的平均颗粒密度会有所下降，但是导流筒区不同截面的平均颗粒密度沿轴向分布的曲线形态基本相似。

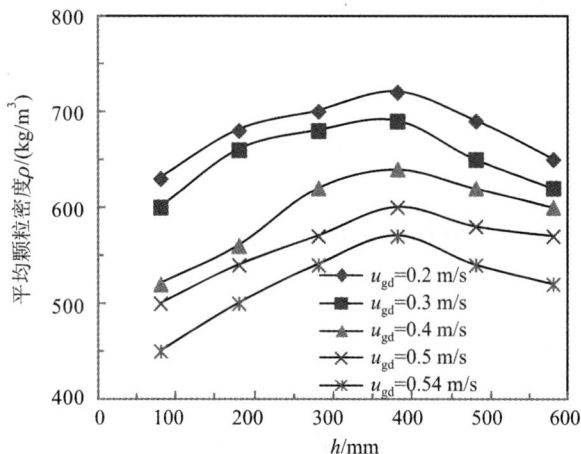

图 6.31　导流筒区不同截面的平均颗粒密度沿轴向的分布

4. 气固分离区的颗粒流动特性

1) 时均颗粒速率

导流筒区以上的密相床层为气固分离区。气固分离区是环流预汽提段四个区域中流动最为复杂的,从导流筒区上升的固体颗粒与从气固分离区向外流动的固体颗粒在气固分离区会出现错流混合的现象,这无疑有利于沿径向方向上固体颗粒的混合。气固分离区时均颗粒速率的径向分布如图 6.32 所示。由图可知:

(1) 固体颗粒流动到导流筒上方区($0.17 < r/R < 0.73$)时,会保持向上流动的状态;固体颗粒流动到环隙上方区($0.73 < r/R < 1$)时,会保持向下流动的状态。

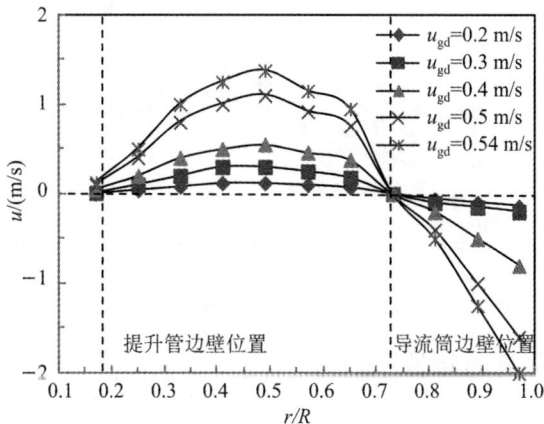

图 6.32　气固分离区时均颗粒速率的径向分布

（2）随着导流筒气速的逐渐增大，固体颗粒在环隙区向下运动的速率和在导流筒区向上运动的速率均出现了一定幅度的增大。

2）床层颗粒密度

气固分离区床层颗粒密度 ρ 的径向分布如图 6.33 所示。由图可知：

（1）虽然气固分离区已经没有导流筒，但是类似导流筒边壁的影响并未消失，在径向位置 $r/R=0.73$ 处附近的床层颗粒密度仍然较高。与导流筒上方区（$0.17<r/R<0.73$）相比，环隙上方区（$0.73<r/R<1$）的床层颗粒密度明显更大，这样一来，固体颗粒在两侧密度差的作用下很难由导流筒出口流入环隙区。基于局部来看，径向位置 $r/R=0.73$ 处的床层颗粒密度处于一个较高值，与环隙上方区和导流筒上方区均存在着密度差，$r/R=0.73$ 处的固体颗粒既可流动到环隙上方区，又可流动到导流筒上方区。

（2）固体颗粒在导流筒上方区会受到流动方向为向上的气体曳力作用，会出现强烈的向上流动的趋势，这在一定程度上抑制了 $r/R=0.73$ 处固体颗粒向导流筒上方区的流动；而固体颗粒在环隙上方区会出现向下流动的趋势，且 $r/R=0.73$ 处的固体颗粒也较易融入其中，这样一来，必然有利于 $r/R=0.73$ 处固体颗粒向环隙上方区的流动。

（3）气体在气固分离区会主动汇集到床体中心，气固分离区床层颗粒密度分布会沿着径向位置呈现出逐步增大的趋势；而在边壁效应的影响之下，环隙上方区的固体颗粒会表现出强烈的聚集性，导致环隙上方区的局部床层颗粒密度较大。

（4）随着导流筒气速的逐渐增大，气固分离区的局部床层颗粒密度会逐渐下降。

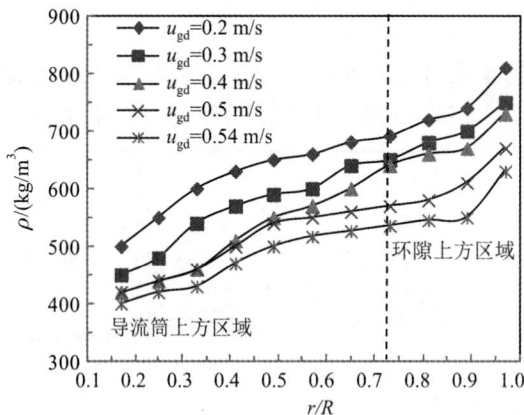

图 6.33　气固分离区床层颗粒密度的径向分布

5. 环隙区的颗粒流动特性

1）时均颗粒速率

待固体颗粒进入气固分离区之后，就会沿着径向方向向外流动，一直流动到环隙区。

环隙区中部时均颗粒速率 u 的径向分布如图 6.34 所示，由图可知：

（1）环隙区时均颗粒速率的径向分布较为均匀，变化不大。

（2）随着导流筒气速的逐渐增大，固体颗粒向下流动的速率会出现大幅度增大。

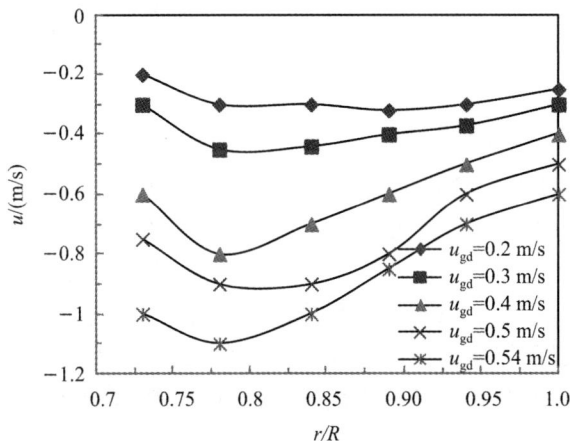

图 6.34　环隙区中部时均颗粒速率的径向分布

环隙区时均颗粒速率 u 沿轴向的分布如图 6.35 所示，由图可知：环隙区时均颗粒速率沿轴向的分布与导流筒区时均颗粒速率沿轴向的分布截然不同，随着轴向位置的增加，环隙区时均颗粒速率不断增大。主要原因在于：固体颗粒在环隙区的流动属于典型的密相输送，流化质量会直接影响到固体颗粒的流动速度。当固体颗粒由气固分离区刚刚流入环隙区时，由于固体颗粒中夹带了部分气泡，会有较佳的流化质量，因此固体颗粒也会有较快

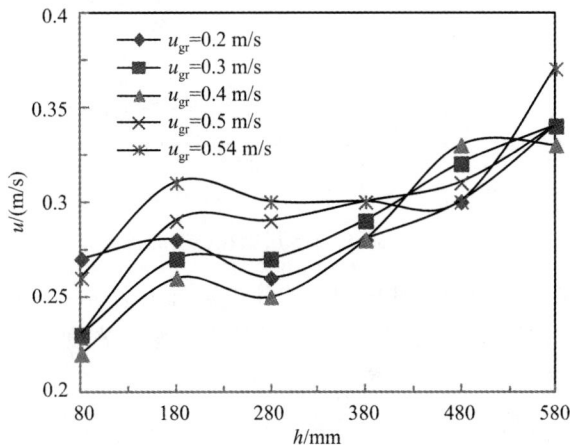

图 6.35　环隙区时均颗粒速率沿轴向的分布

的流动速度，但是随着固体颗粒逐步流动到导流筒底部，原来所夹带的气泡日益被脱析出去，导致床层颗粒密度增加，流动速度必然会逐步下降。但值得注意的是，导流筒底部的时均颗粒速率要大于周边附近区域的时均颗粒速率，这是由于导流筒底部与气体分布器的距离最近，导流筒底部床层的流化质量会受到气体分布器所产生的原生气泡的改善，进而让导流筒底部的时均颗粒速率得以上升。

2）床层颗粒密度

环隙区中部床层颗粒密度 ρ 的径向分布如图 6.36 所示，由图可知：环隙区中部床层颗粒密度的径向分布较为均匀，变化不大，这表明环隙区内的气固能够实现充分地接触和混合，这对于气固传热、传质均有较大帮助。主要原因在于：第一，环隙区表观气速要远远小于导流筒区表观气速，因此，环隙区处于典型的鼓泡流态化状态，环隙区中部床层颗粒运动受到气体的影响较小；第二，与其他区域相比，环隙区的径向流通截面积明显更小，并且在环流预汽提段筒体内壁与导流筒外壁的共同摩擦作用下，固体颗粒运动的波动会受到较大的抑制。此外，随着导流筒气速的逐渐增大，环隙区中部床层颗粒密度基本没有变化。

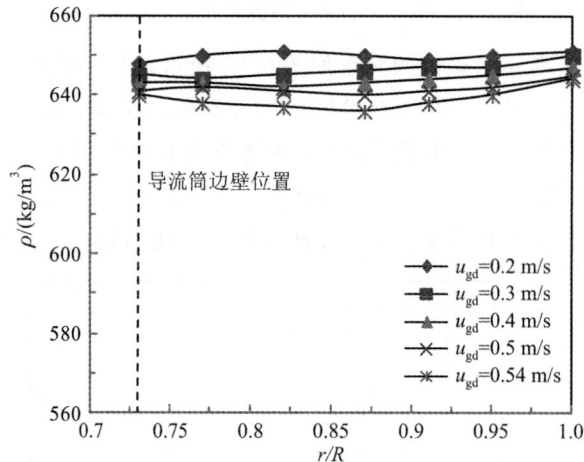

图 6.36 环隙区中部床层颗粒密度的径向分布

环隙区不同截面的平均颗粒密度沿轴向的分布如图 6.37 所示，由图可知：

（1）随着轴向位置的增加，环隙区不同截面的平均颗粒密度呈现出较为明显的"两头小、中间大"的分布趋势。

（2）当固体颗粒由气固分离区流入环隙区上部时，由于固体颗粒中夹带了部分气泡，因此，环隙区上部床层的颗粒密度较小；而这些固体颗粒会在向下流动的过程中逐渐脱气，导致床层颗粒密度又开始逐渐增大。当固体颗粒到达环隙区下部时，会有相当数量的固体颗粒流入导流筒底部,而导流筒底部与环隙区底部之间又存在着较大的密度差,密度差会加快固体颗粒的流动速度,这样一来,床层颗粒密度又会重新下降。

(3) 随着导流筒气速的逐渐增大,环隙区同一轴向位置处的平均颗粒密度会有所下降;与环隙区上部相比,环隙区下部的平均颗粒密度下降幅度更小。

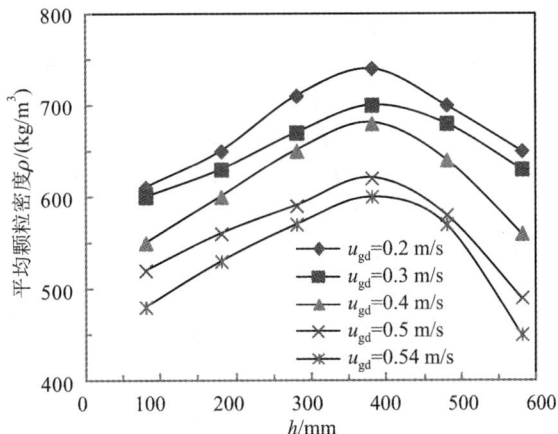

图 6.37　环隙区不同截面的平均颗粒密度沿轴向的分布

6.3.2　导流筒气体分布器位置的优化

对于环流预汽提段而言,导流筒的结构参数会严重影响到环流效果,进而还会影响到环流预汽提段的传质传热特性与流体力学特性,因此,很有必要优化环流反应器结构的参数。在模拟研究中,导流筒气速 u_{gd} 选 0.1~0.54 m/s,环隙气速 u_{gr} 为 0.03 m/s;将导流筒区的莲蓬头式气体分布器与环隙气体分布管之间的距离称为 H_{dis},现有环流反应器结构的 $H_{dis}=80$ mm,另外再选取四个导流筒气体分布器的位置,分别是 20 mm、40 mm、60 mm、100 mm。

1. 颗粒密度分布

导流筒气体分布器位置对床层颗粒密度沿径向分布的影响如图 6.38 所示,由图可知:

(1) 随着 H_{dis} 的不断减小,底部区中部床层颗粒密度的分布出现了较大的改善,尤其是导流筒底部投影区中 $0.17 < r/R < 0.60$ 径向位置范围内的床层颗粒密度明显减小,得到了较好的流化,主要原因在于该区域处于莲蓬头式分布器的开孔范围($r/R \leqslant 0.60$)之内。虽然环隙底部投影区的床层颗粒密度仍然高于导流筒底部投影区,但相对于下移之前有了很大程度的改善。值得注意的是,当 $H_{dis} \leqslant 60$ mm 之后,导流筒分布器位置对底部区域床层颗粒密度沿径向分布的影响就变得很小了。

（2）随着 H_{dis} 的不断减小，导流筒区中部床层颗粒密度沿径向分布的变化较小，基本不随导流筒分布器位置的变化而变化。

（3）随着 H_{dis} 的不断减小，环隙区中部床层颗粒密度沿径向分布的变化较小，基本不随导流筒分布器位置的变化而变化。

（4）随着 H_{dis} 的不断减小，气固分离区的局部床层颗粒密度会逐渐下降。

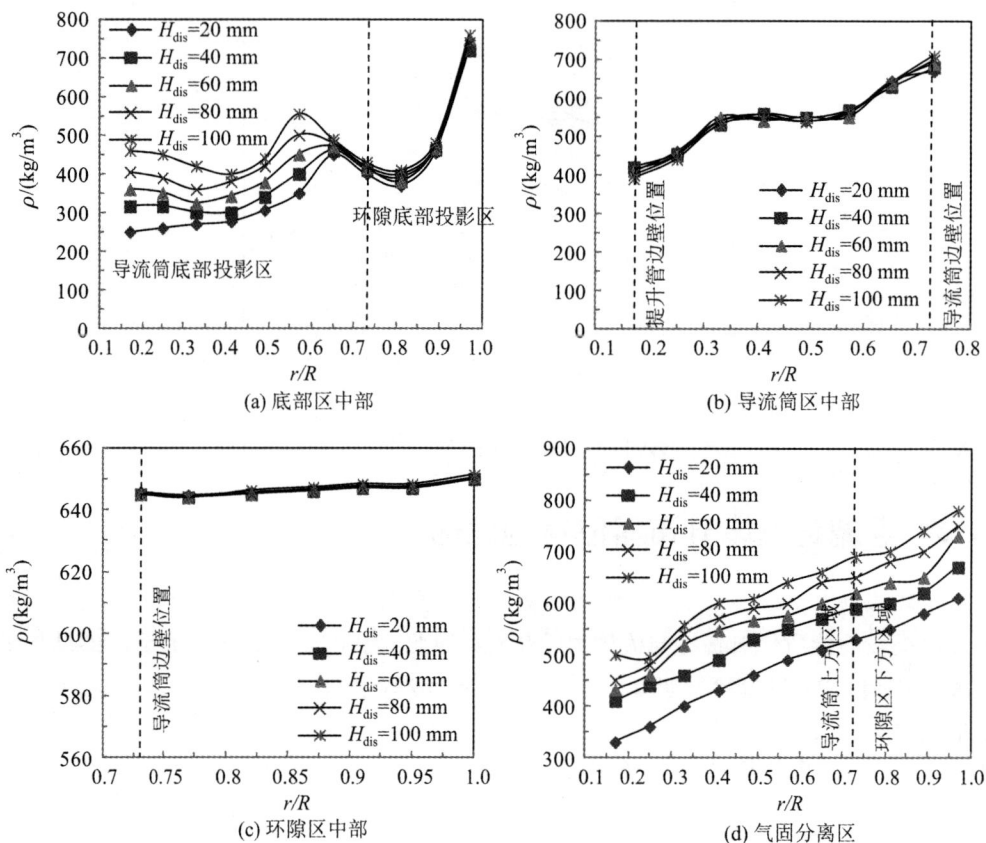

图 6.38　导流筒气体分布器位置对床层颗粒密度沿径向分布的影响（$u_{gd} = 0.3$ m/s）

2. 流动阻力损失

　　导流筒区与环隙区的底部压差实质上既是颗粒在环流预汽提段内形成环流流动的基础，又是颗粒实现环流流动的推动力。文献[48]表明：由于存在着底部滑移区，只有当导流筒区表观气速与环隙区表观气速间存在着较为明显的差距时，才能够形成足以克服流动阻力的推动力，进而实现中心气升式气固环流。由此可见，Δp（流动阻力损失）可作为判断颗粒环流效果优劣的判别参数。在环隙气速一定时，环流阻力与导流筒区表观气速之间的关系如图 6.39 所示，由图可知，随着导流筒区表观气速 u_{gd} 的增大，Δp 也逐步增大；随着 H_{dis} 的不断减小，同一导流筒区表观气速所对应的流动阻力损失逐步增大。在环流预汽提段内，气体流速往往会直接影响到颗粒的运动速度。当 u_{gd} 小于 0.3 m/s 时，颗粒在导流筒区会以较慢的速度向上运动，这样就会在气固分离区给颗粒留有充裕的脱气时间，不会给床层截面带来较大的波动；当 u_{gd} 大于 0.3 m/s 时，颗粒在导流筒区向上运动的速度会不断加快，很多颗粒还未完全脱气就直接进入环隙区。此外，流动阻力损失与流动通道的截面积还存在着较大的联系，当 $H_{dis}=20$ mm 时，流动通道突然增大，造成流动阻力损失也大幅度增大；而 $H_{dis}=100$ mm 时，流动通道与导流筒截面积较为接近，导致流动阻力损失较小。

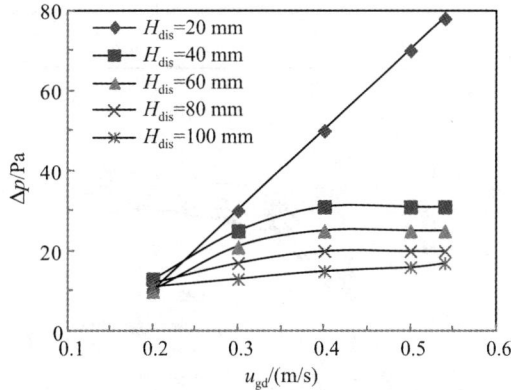

图 6.39　环流阻力与导流筒区表观气速之间的关系

3. 颗粒环流速度与环流质量流率

颗粒环流速度是评价环流反应器性能好坏的主要指标，能够对床内固体颗粒的流动状况进行有效的衡量。在中心气升式环流反应器中，环流速度可被定义为固体颗粒在导流筒区内的上升速度。若颗粒停留时间相同，颗粒环流速度越大，那么也就意味着气固接触的次数越多。导流筒气体分布器位置对颗粒环流速度的影响如图 6.40 所示，导流筒气体分布器位置与固体颗粒质量流率之间的关系如图 6.41 所示，由图可知，随着导流筒区表观气速的增大，固体颗粒环流速度和质量流率都逐渐增大。随着 H_{dis} 的不断减小，同一导流筒区表观气速所对应的固体颗粒环流速度和质量流率都逐步增大，但是当 $H_{dis}=20$ mm 时，固体颗粒环流速度和质量流率反而有所降低。由此可见，H_{dis} 的下降有一定的范围，否则的话，不利于固体颗粒质量流率的提高。

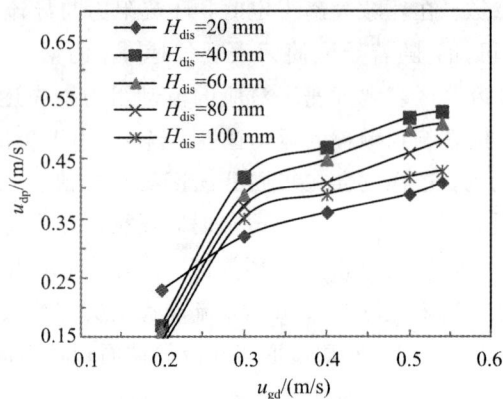

图 6.40　导流筒气体分布器位置对颗粒环流速度的影响

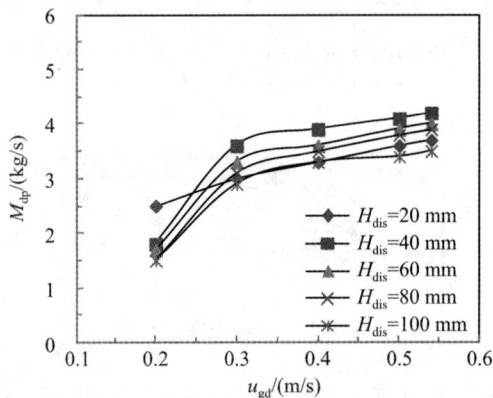

图 6.41　导流筒气体分布器位置与固体颗粒质量流率之间的关系

　　上述研究表明，适当地缩短导流筒气体分布器与环隙气体分布管之间的距离，可对环流反应器的流化质量进行有效改善，既可提高固体颗粒的环流质量流率，又可改善床层颗粒密度沿径向的分布情况，但 H_{dis} 下降过多又不利于固体颗粒质量流率的提高。综合考虑，取 $H_{dis} = 60$ mm 为宜。

4. 优化后的模拟值与实验值的对比

　　当 $H_{dis} = 60$ mm 时，沿径向分布的床层颗粒密度的模拟值与实验值的对比如图 6.42 所示，颗粒环流速度的模拟值与实验值的对比如图 6.43 所示。由对比结果可见：实验值与模拟值的数值接近、趋势一致，从而验证了所建模型的可靠性。

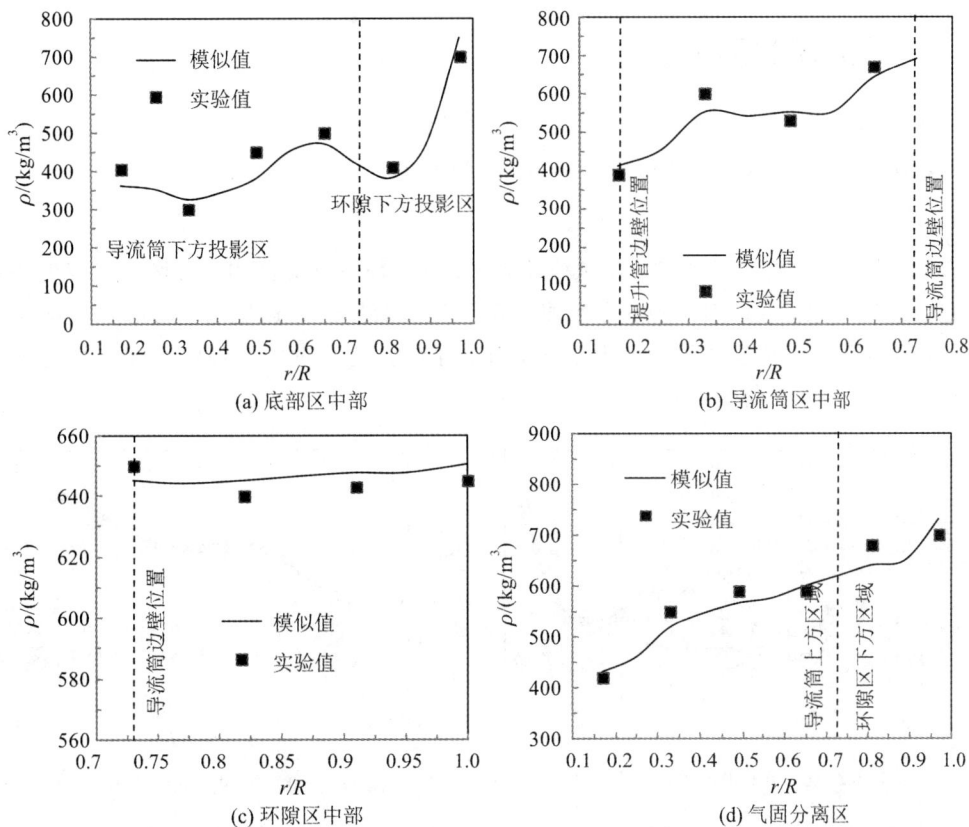

(a) 底部区中部

(b) 导流筒区中部

(c) 环隙区中部

(d) 气固分离区

图 6.42　沿径向分布的床层颗粒密度的模拟值与实验值的对比（$H_{dis}=60$ mm）

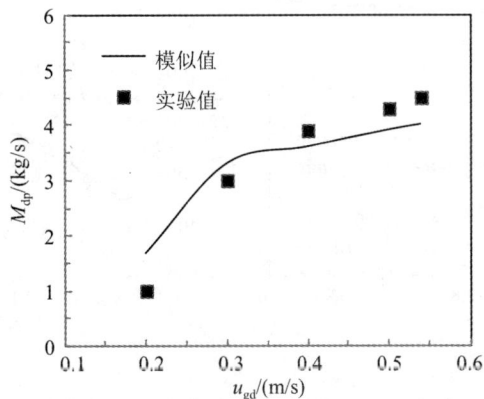

图 6.43　颗粒环流速度的模拟值与实验值的对比（$H_{dis}=60$ mm）

6.3.3 导流筒高度的优化

将导流筒高度设置为 H_D，现有环流反应器结构中 $H_D = 500$ mm，另外再选取四个导流筒高度，分别是 300 mm、700 mm、900 mm、1100 mm。

1. 颗粒密度分布

Shen 等人[50]通过实验发现，在颗粒环流过程中，环流反应器的底部区或多或少都会出现一定的窜气现象，气体由环隙底部投影区窜至导流筒底部投影区时，会沿着边壁向上流动，导致近壁面处的床层颗粒密度大幅度下降。导流筒高度对床层颗粒密度沿径向分布的影响如图 6.44 所示，由图可知：

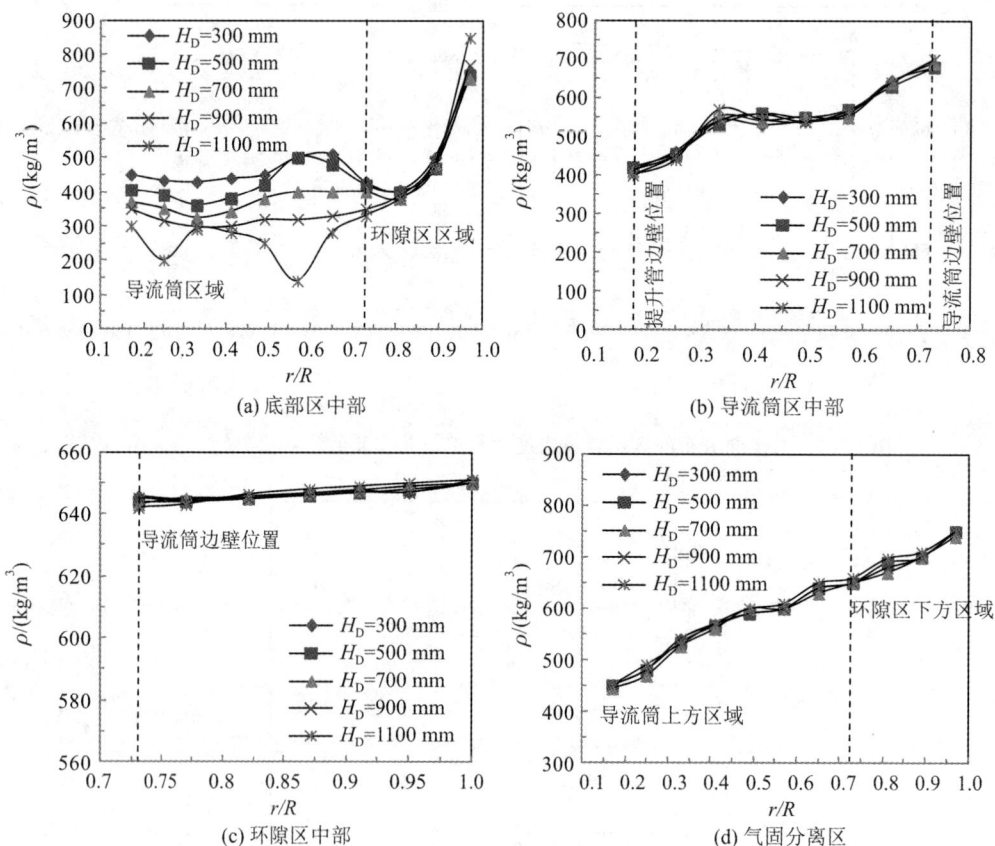

图 6.44 导流筒高度对床层颗粒密度沿径向分布的影响 ($u_{gd} = 0.3$ m/s)

（1）随着导流筒高度的逐渐增大，窜气现象日益凸显出来，当 $H_D=1100$ mm 时就已经较为明显了。

（2）随着导流筒高度的逐渐增大，导流筒区中部床层颗粒密度沿径向分布的变化较小，基本不随导流筒高度的变化而变化。

（3）随着导流筒高度的逐渐增大，环隙区中部床层颗粒密度沿径向分布的变化较小，基本不随导流筒高度的变化而变化。

（4）随着导流筒高度的逐渐增大，气固分离区床层颗粒密度沿径向分布的变化较小，基本不随导流筒高度的变化而变化。

2. 流动阻力损失

下面基于伯努利方程来对环流反应器四个区域进行能量衡算。

导流筒区：
$$p_4 - p_1 = \Delta p_{fD} + (\rho_p \varepsilon_{sD} + \rho_g \varepsilon_{gD}) g H_D \tag{6.1}$$

式中：p_4 为底部区压力，MPa；p_1 为气固分离区压力，MPa；Δp_{fD} 为固体颗粒在导流筒区的流动阻力损失，MPa；ρ_p 为颗粒相密度，kg/m³；ε_{sD} 为导流筒区固含率；ρ_g 为气相密度，kg/m³；ε_{gD} 为导流筒区气含率；g 为重力加速度，m/s²；H_D 为导流筒高度，mm。

环隙区：
$$p_2 - p_3 = \Delta p_{fA} - (\rho_p \varepsilon_{sA} + \rho_g \varepsilon_{gA}) g H_D \tag{6.2}$$

式中：p_2 为导流筒区压力，MPa；p_3 为环隙区压力，MPa；Δp_{fA} 为固体颗粒在环隙区的流动阻力损失，MPa；ε_{sA} 为环隙区固含率；ε_{gA} 为环隙区气含率。

底部区：
$$p_3 - p_4 = \Delta p_{fB} + \frac{1}{2} \rho_p (v_{pmD}^2 - v_{pdA}^2) \tag{6.3}$$

式中：Δp_{fB} 为固体颗粒在底部区的流动阻力损失，MPa；v_{pmD} 为导流筒区流速，m/s；v_{pdA} 为环隙区流速，m/s。

气固分离区：
$$p_1 - p_2 = \Delta p_{fT} + \frac{1}{2} \rho_p (v_{pdA}^2 - v_{pmD}^2) \tag{6.4}$$

式中：Δp_{fT} 为固体颗粒在气固分离区的流动阻力损失，MPa。

综合上述公式，可得总流动阻力损失的计算公式为
$$[(\rho_p \varepsilon_{sA} + \rho_g \varepsilon_{gA}) - (\rho_p \varepsilon_{sD} + \rho_g \varepsilon_{gD})] g H_D = \Delta p_{fT} + \Delta p_{fA} + \Delta p_{fB} + \Delta p_{fD} \tag{6.5}$$

固体颗粒能够在环流反应器内实现环流流动的条件为：总阻力损失＝环流推动力。所以，环流推动力 F_d 为
$$F_d = [(\rho_p \varepsilon_{sA} + \rho_g \varepsilon_{gA}) - (\rho_p \varepsilon_{sD} + \rho_g \varepsilon_{gD})] g H_D \tag{6.6}$$

由于气体密度会明显小于颗粒密度，故可将上式简化为

$$F_d = (\varepsilon_{sA} - \varepsilon_{gD})\rho_p g H_D \tag{6.7}$$

由此可见，环流推动力与导流筒高度呈正比。不同导流筒高度下的环流推动力如图 6.45 所示。由图可知：壁面与固体颗粒之间的摩擦损失随着导流筒高度的增大而增大，环流推动力也随之增大，这对于固体颗粒在环流反应器中的环流是极为有利的。

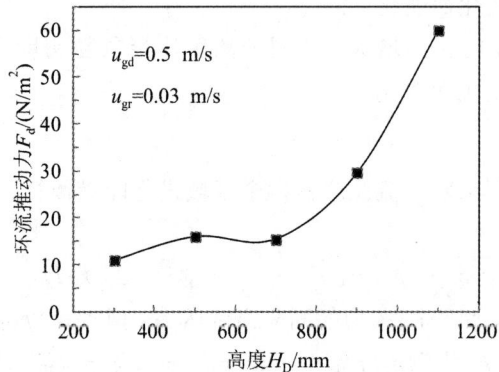

图 6.45　不同导流筒高度下的环流推动力

不同导流筒高度下不同区域的流动阻力损失如图 6.46 所示。由图可知，固体颗粒在环流反应器中环流时，不同区域的流动阻力的控制因素有所差异，因此，不同区域的流动阻力损失也会呈现出不同的变化。环隙区、导流筒区的流动阻力损失主要是壁面与固体颗粒之间的摩擦损失，而摩擦阻力随导流筒高度的增大而增大。底部区、气固分离区的流动阻力损失主要是局部阻力（由固体颗粒流动截面的变化而引起），局部阻力与导流筒高度无关，因此，随着导流筒高度的增大，底部区、气固分离区的流动阻力基本无变化。

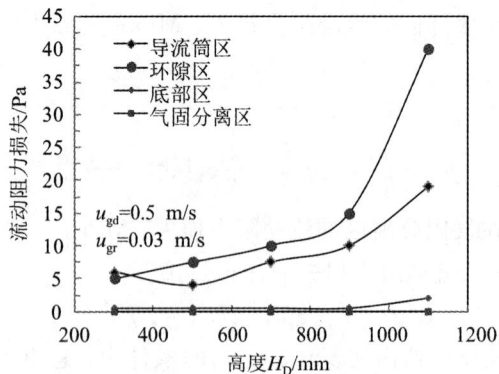

图 6.46　不同导流筒高度下不同区域的流动阻力损失

3. 颗粒环流速度与环流质量流率

导流筒高度对颗粒环流速度的影响如图 6.47 所示。由图可知：随着导流筒高度的增大，固体颗粒环流速度逐渐增大，导流筒高度在 500~900 mm 范围内时，环流速度的增长幅度不大；但当导流筒高度达到 1100 mm 时，环流速度增长幅度较大，主要原因在于，当导流筒高度为 1100 mm 时，环隙区与导流筒区的固体颗粒平均密度相差值最大，导致其环流速率最大。

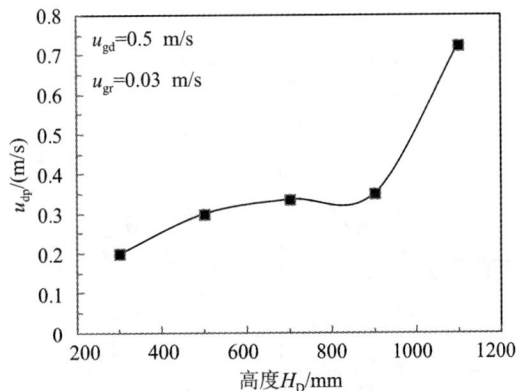

图 6.47　导流筒高度对颗粒环流速度的影响

导流筒高度与颗粒环流质量流率之间的关系如图 6.48 所示。由图可知：随着导流筒高度的增大，颗粒环流质量流率逐渐增大；但是当 $H_D = 1100$ mm 时，颗粒环流质量流率反而有所降低。

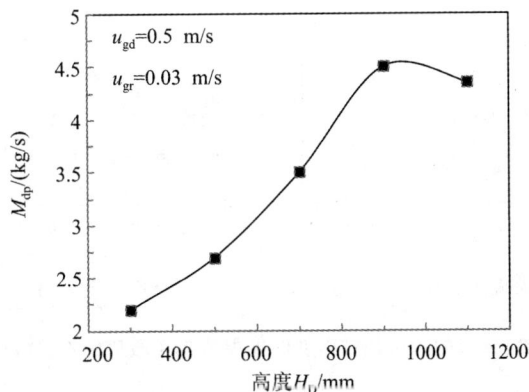

图 6.48　导流筒高度与颗粒环流质量流率之间的关系

上述结果说明，随着导流筒高度的不断增大，颗粒环流质量流率、颗粒环流速度、颗粒环流推动力均不同程度地出现了增大趋势，但是导流筒高度的增加有一定的范围，若导流筒高度取值过大，反而会降低颗粒环流质量流率。综合考虑，取 $H_D = 900$ mm 为宜。

4. 优化后的模拟值与实验值的对比

当 $H_D = 900$ mm 时，沿径向分布的床层颗粒密度的模拟值与实验值的对比如图 6.49 所示。由对比结果可见：实验值与模拟值的数值接近、趋势一致，从而验证了所建模型的可靠性。

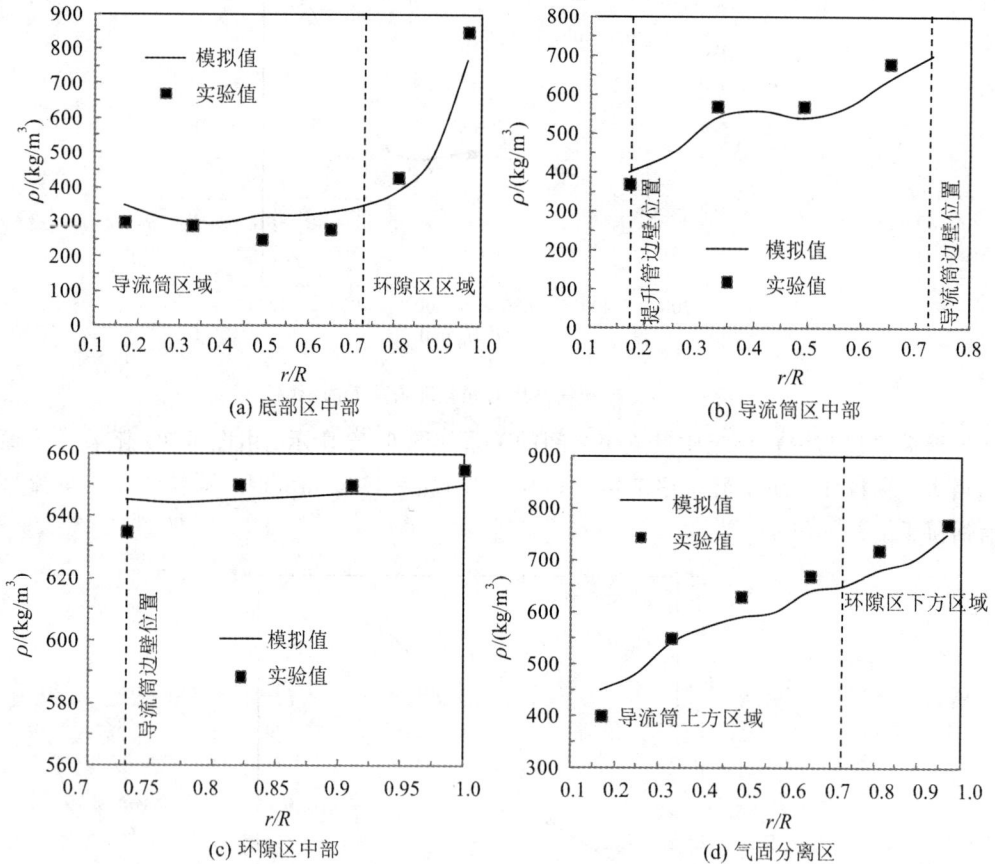

图 6.49　沿径向分布的床层颗粒密度的模拟值与实验值的对比（$H_D = 900$ mm）

6.4　本章小结

本章利用 CFD 软件优化了环流预汽提组合旋流快分系统的结构，得到如下结论：

（1）随着 S 值的增大，环流预汽提组合旋流快分系统的分离效率有所提高，这完全证实了前面在论证 S 值变化对气相流场的影响时所做的分析，但却增大了气体停留时间。综合考虑，$S=32$ 更为适宜。

（2）在锥筒锥角为 30°及锥筒出口直径为 150 mm 时，$H_i=2.574$ m 所对应的分离效率与原结构相近，略低于 $H_i=4.29$ m 所对应的分离效率，但气体停留时间明显更短。综合考虑，$H_i=2.574$ m 更为适宜。

（3）在锥筒与旋流头喷口距离 $H_i/D=4.5$（即 $H_i=2.574$ m）及锥筒出口直径 $D_{out}=150$ mm 时，$\psi=20°$、$\psi=25°$、$\psi=30°$所对应的分离效率要略大于 $\psi=35°$ 所对应的分离效率，但差距较小；但是，$\psi=20°$、$\psi=25°$、$\psi=30°$所对应的气体停留时间却明显长于 $\psi=35°$ 所对应的气体停留时间。综合考虑，$\psi=35°$更为适宜。

（4）在锥筒与旋流头喷口距离 $H_i/D=4.5$（即 $H_i=2.574$ m）及锥筒锥角为 35°时，为了能够将环流预汽提组合旋流快分系统内的气体迅速引出，可适当增大 D_{out} 值；随着 D_{out} 值的增大，分离效率增加。因此，无论是从气体停留时间来考虑，还是基于分离效率来看，$D_{out}=170$ mm 都明显是最佳的选择。

（5）通过数值模拟的方式分析了环流汽提段的环隙区、导流筒区、气固分离区、底部区内颗粒流动情况，这无疑能够为进一步拓展环流预汽提组合旋流快分系统中耦合的环流汽提器结构提供了有效的参考依据。

（6）适当地缩短导流筒莲蓬头式气体分布器与环隙气体分布板之间的距离，可对环流反应器的流化质量进行有效改善，既可提高固体颗粒的环流质量流率，又可改善床层颗粒密度沿径向的分布情况，可取 $H_{dis}=60$ mm。随着导流筒高度的不断增大，颗粒环流质量流率、环流速度、环流推动力均不同程度地出现了增大趋势，但是导流筒高度的增加有一定的范围，可取 $H_D=900$ mm。

第 7 章
结　论

　　本书在环流预汽提组合旋流快分系统的冷模实验装置上,通过实验的方式来分析其气相流场及分离性能,以期为环流预汽提组合旋流快分系统在炼油工业上的设计、放大及应用提供基础数据。与此同时,本书还采用数值计算的方法,结合实验和模拟结果,通过建立正确的 CFD 数学模型来对环流预汽提组合旋流快分系统的流动特性进行模拟,以期能够更加深入、更加全面地认识环流预汽提组合旋流快分系统内部气体的流动规律,为环流预汽提组合旋流快分系统的结构优化提供依据。本书的主要研究成果如下:

　　(1) 实验结果表明,导流筒气速、环隙气速对环流预汽提组合旋流快分系统气相流场的影响较小;而喷出气速、汽提气速对气相流场的影响较大。随着喷出气速的增加,各截面靠近封闭罩内壁一侧的外旋流区略有扩大,这无疑能够有效促进分离效率的提高;随着汽提气速的增加,切向速度略微有些下降,轴向速度的下行流速略有减小,上行流速增大。与此同时,入口颗粒浓度、汽提气速、喷出气速对环流预汽提组合旋流快分系统分离性能的影响较为显著。这些实验结果有助于加深对环流预汽提组合旋流快分系统内气流流动特性的认识。

　　(2) 利用数值模拟方法进行了环流预汽提组合旋流快分系统气相流动特性的模拟研究。无颗粒时,气体在环流预汽提组合旋流快分系统内做强烈的旋转运动,由旋流头喷口喷出的气体会沿着封闭罩内壁做旋转下行运动,待下行到封闭罩底部之后,气体又会折转向上旋转上行。而颗粒相的加入在一定程度上改变了环流预汽提组合旋流快分系统内的气相流场,气速有所降低,且低气速区域面积沿着轴向高度向下逐渐增加。

　　(3) 利用数值模拟方法分析了操作温度、操作压力对环流预汽提组合旋流快分系统气相流场造成的影响。结果表明:随着温度的升高,各截面上的切向速度都逐步减少,待温度超过 1000 K 之后,切向速度的下降幅度明显变小,上行的轴向速度略有增加,下行的轴向速度略有降低;而随着压力的升高,切向速度都逐步增加,但是待压力超过 1.0 MPa 之后,切向速度的增加幅度明显变小,轴向速度随着压力的增加而降低,尤其是上行的轴向速度降低趋势更为明显，这对于气固分离是较为有利的。

（4）利用数值模拟方法发现入口颗粒浓度会对环流预汽提组合旋流快分系统内的气相流场造成较大的影响。入口颗粒浓度越高，就会有越多的能量被固体颗粒消耗，导致气相切向速度出现越明显的下降。与此同时，入口颗粒浓度越高，就会导致单位体积内固体颗粒相的质量流率增大，重力沉降作用力也会随之而增大，导致外侧环形空间内的下行流轴向速度逐渐增加，而内侧环形空间内的上行流轴向速度却逐渐减小，这对于固体颗粒的下行分离是较为有利的。

（5）利用数值模拟方法优化了环流预汽提组合旋流快分系统的 S 值和封闭罩结构尺寸，主要从分离效率和气体停留时间两个方面来考虑，结果表明：① 随着 S 值的增大，环流预汽提组合旋流快分系统的分离效率有所提高，但却增大了气体停留时间，综合考虑，$S=32$ 更为适宜。② 在 $\psi=30°$ 及 $D_{out}=150$ mm 时，$H_i=2.574$ m 所对应的分离效率与原结构相近，略低于 $H_i=4.29$ m 所对应的分离效率，但气体停留时间明显更短，综合考虑，$H_i=2.574$ m 更为适宜。③ 在 $H_i=2.574$ m 及 $D_{out}=150$ mm 时，综合考虑，$\psi=35°$更为适宜。④ 在 $H_i=2.574$ m 及 $\psi=35°$时，为了能够将环流预汽提组合旋流快分系统内的气体迅速引出，可适当增大 D_{out} 值；随着 D_{out} 值的增大，分离效率增加。因此，无论是从气体停留时间来考虑，还是基于分离效率来看，$D_{out}=170$ mm 都明显是最佳的选择。

（6）利用数值模拟方法优化了环流预汽提段的结构，结果表明，适当地缩短导流筒莲蓬头式气体分布器与环隙气体分布板之间的距离，可对环流反应器的流化质量进行有效改善，既可提高固体颗粒的环流质量流率，又可改善床层密度沿径向的分布情况，可取 $H_{dis}=60$ mm。随着导流筒高度的不断增加，颗粒环流质量流率、环流速度、环流推动力均不同程度地出现了增大趋势，但是导流筒高度的增加有一定的范围，可取 $H_D=900$ mm。为了验证数值模拟的可靠性，还对气体分布器位置与导流筒高度结构优化后的数值研究与实验研究结果进行了对比，对比结果表明，实验值与模拟值的数值接近、趋势一致。

附录　环流预汽提组合旋流快分系统实验装置图

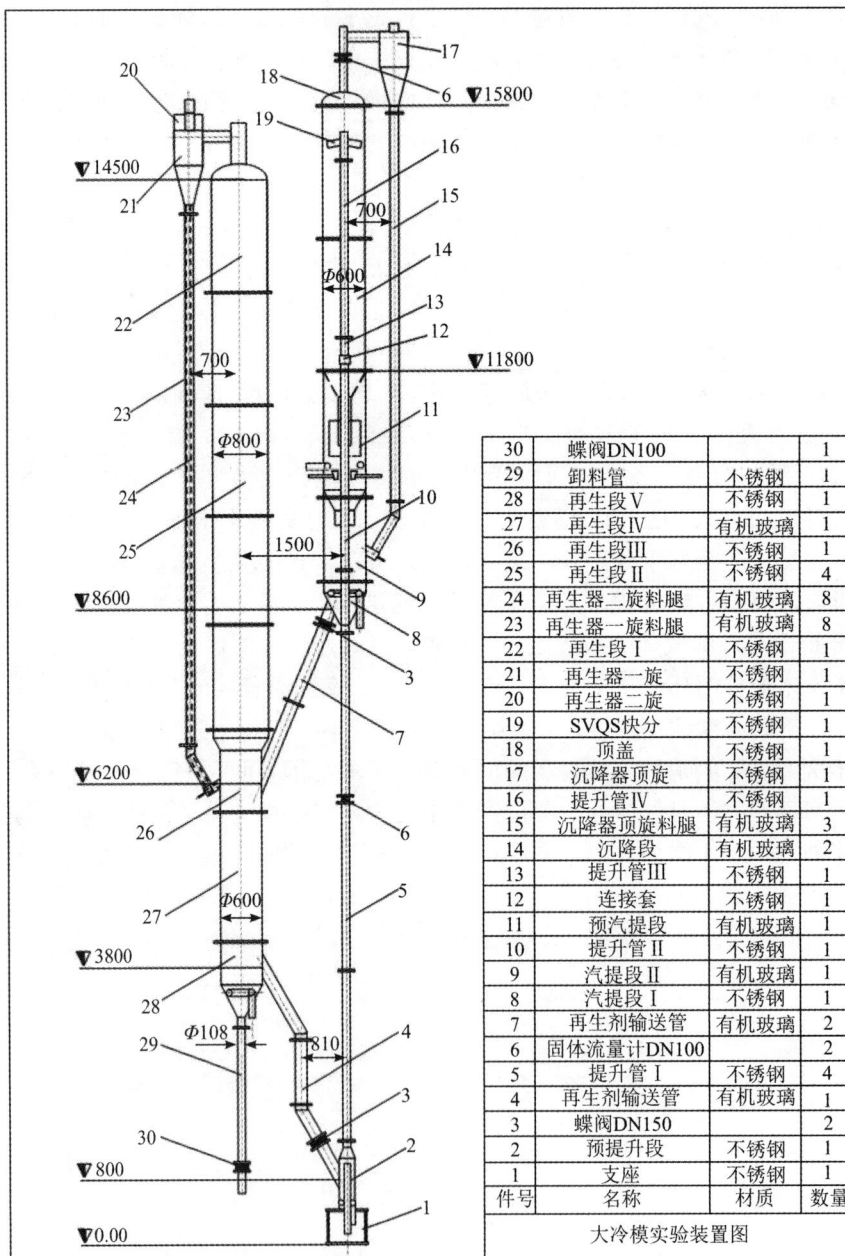

30	蝶阀DN100		1
29	卸料管	小锈钢	1
28	再生段Ⅴ	不锈钢	1
27	再生段Ⅳ	有机玻璃	1
26	再生段Ⅲ	不锈钢	1
25	再生段Ⅱ	不锈钢	4
24	再生器二旋料腿	有机玻璃	8
23	再生器一旋料腿	有机玻璃	8
22	再生段Ⅰ	不锈钢	1
21	再生器一旋	不锈钢	1
20	再生器二旋	不锈钢	1
19	SVQS快分	不锈钢	1
18	顶盖	不锈钢	1
17	沉降器顶旋	不锈钢	1
16	提升管Ⅳ	不锈钢	1
15	沉降器顶旋料腿	有机玻璃	3
14	沉降段	有机玻璃	2
13	提升管Ⅲ	不锈钢	1
12	连接套	不锈钢	1
11	预汽提段	有机玻璃	1
10	提升管Ⅱ	不锈钢	1
9	汽提段Ⅱ	有机玻璃	1
8	汽提段Ⅰ	不锈钢	1
7	再生剂输送管	有机玻璃	2
6	固体流量计DN100		2
5	提升管Ⅰ	不锈钢	4
4	再生剂输送管	有机玻璃	1
3	蝶阀DN150		2
2	预提升段	不锈钢	1
1	支座	不锈钢	1
件号	名称	材质	数量

大冷模实验装置图

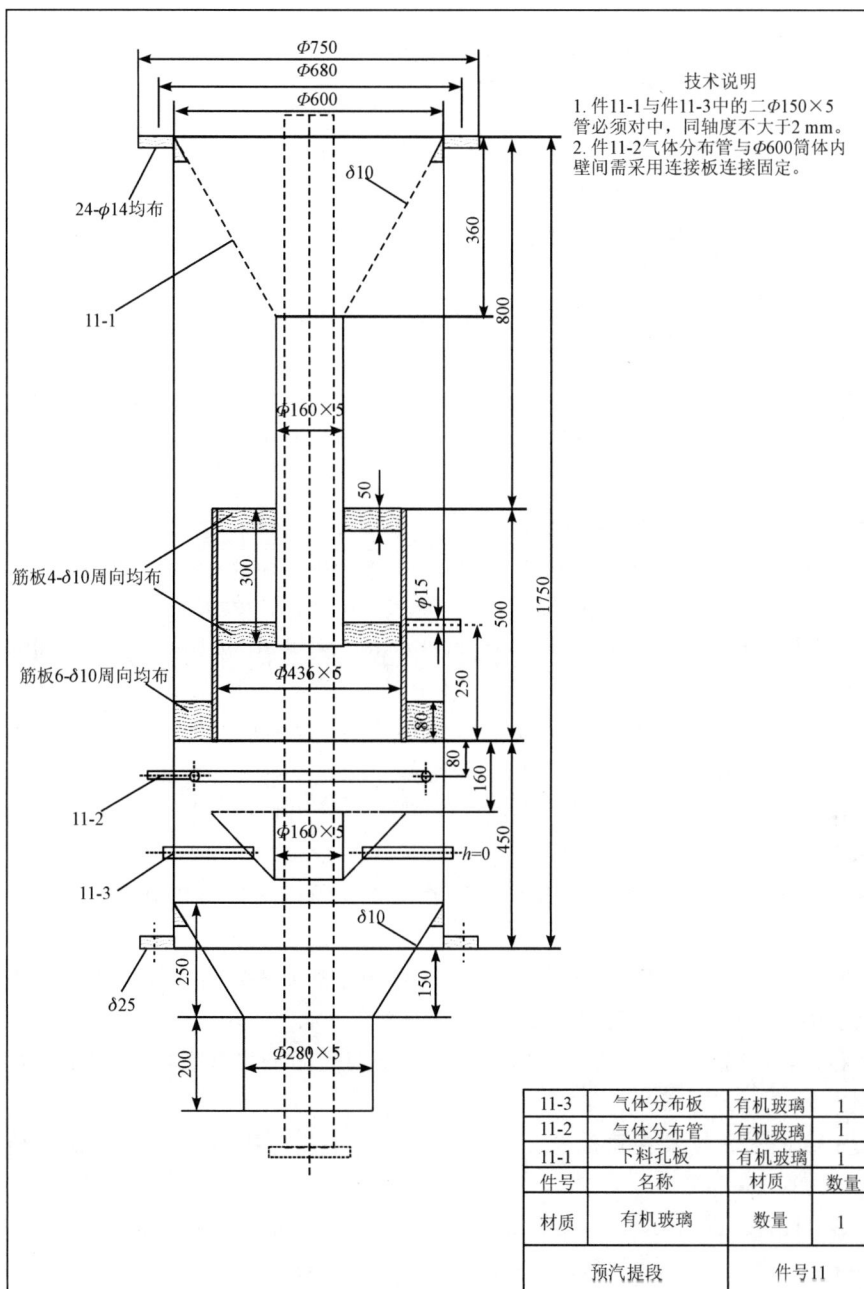

技术说明
1. 件11-1与件11-3中的二ϕ150×5管必须对中，同轴度不大于2 mm。
2. 件11-2气体分布管与ϕ600筒体内壁间需采用连接板连接固定。

ϕ750
ϕ680
ϕ600

δ10

24-ϕ14均布

11-1

360

800

ϕ160×5

50

1750

筋板4-δ10周向均布

300

ϕ15

500

筋板6-δ10周向均布

ϕ436×6

250

80

80

160

11-2

ϕ160×5

450

11-3

h=0

δ10

250

150

δ25

200

ϕ280×5

11-3	气体分布板	有机玻璃	1
11-2	气体分布管	有机玻璃	1
11-1	下料孔板	有机玻璃	1
件号	名称	材质	数量
材质	有机玻璃	数量	1

预汽提段	件号11

参 考 文 献

［1］ LU C X, CAI Z, SHI M X. Experimental study and industry application of a new vortex quick separation system at FCCU riser outlet［J］. Acta Petrolei Sinica (Petroleum Processing Section), 2014, 30(3): 24 – 29.

［2］ XIE S M, ZHU Y Q, SONG Y C. Application of the vortex quick separation system on the second catalytic cracking unit［J］. Petrochemical Industry Technology, 2016, 23(2): 8 – 10.

［3］ CAO Z Y, SHI M X. Calculation of the gas flow field and the performance of the vortex separation system［J］. Petroleum Processing and Petrochemicals, 1997, 28 (1): 10 – 15.

［4］ CETINKAYA I B. Disengager stripper: US05158669A［P］. 1992 – 10 – 27.

［5］ CETINKAYA I B. External integrated disengager stripper and its use in fluidized catalytic cracking process: US 05314611A［P］. 1994 – 05 – 24.

［6］ ROSS J L, SCHAUB J C. Process and apparatus for separating fluidized cracking catalysts from hydrocarbon vapor: US 05837129A［P］. 1998 – 11 – 17.

［7］ KRAMBECK F J, SCHATZ K W. Closed reactor FCC system with provisions for surge capacity: US 04624772A［P］. 1986 – 11 – 25.

［8］ 卢春喜, 时铭显, 许克家. 带有密相环流预汽提段提升管出口的气固快分方法及设备: 中国, 98102166.2［P］. 1998 – 12 – 09.

［9］ 曹占友, 时铭显, 孙国刚, 等. 提升管反应系统旋流式气固快速分离和引出方法及装置: 中国, 96103478.5［P］. 1997 – 10 – 01.

［10］ 曹占友, 时铭显, 孙国刚. 提升管催化裂化反应系统气固快速分离和气体快速引出方法及装置: 中国, 96103419.X［P］. 1997 – 11 – 09.

［11］ 刘显成, 卢春喜, 时铭显. 基于离心与惯性作用的新型气固分离装置的结构［J］. 过程工程学报, 2005, 5(5): 504 – 508.

［12］ 王震. SVQS 和 MSCS 技术在重油催化裂化装置上的工业应用［J］. 石油炼制与化工, 2016, 47(9): 23 – 27.

［13］ DONSI G, SCHENATO M. Experimental characterization of a short retention time gas-solid separator［J］. Powder Technology, 1995, 85(13): 11 – 17.

［14］ 郭慕孙, 姚建中, 林伟刚, 等. 循环流态化碳氢固体燃料的四联产工艺及装置: 中国, 01110152［P］. 2002 – 08 – 14.

［15］ 李松庚, 林伟刚, 姚建中. 下行床弧面锥体气固分离装置的分离效率实验［J］. 过程

工程学报，2002，2(1)：12 - 16.

[16] HADDAD J H，OWEN H，SCHATZ K W. Closed cyclone FCC catalyst separation method and apparatus：US 4502947[P]. 1985.

[17] 曹占友，卢春喜，时铭显. 新型汽提式粗旋风分离器系统的研究[J]. 石油炼制与化工，1997，28(3)：47 - 51.

[18] 闫涛，时铭显. 催化裂化提升管出口汽提式粗旋风分离器的气体流场分析和计算[J]. 石油炼制与化工，1998，29(11)：46 - 50.

[19] 曹占友，时铭显. 催化裂化提升管末端旋流式快速分离系统的研究[J]. 石油炼制与化工，1996，27(10)：10 - 13.

[20] 曹占友，时铭显. 旋流式快速分离系统的气体流场分析和性能计算[J]. 石油炼制与化工，1997，28(1)：10 - 15.

[21] 孙凤侠，周双珍，卢春喜. 催化裂化沉降器多臂式旋流快分系统封闭罩内的流场[J]. 石油炼制与化工，2003，34(9)：59 - 65.

[22] 孙凤侠，卢春喜，时铭显. 催化裂化沉降器旋流快分系统内气相流场的数值模拟与分析[J]. 化工学报，2005，56(1)：16 - 23.

[23] 孙凤侠，卢春喜，时铭显. 催化裂化沉降器 VQS 系统内三维气体速度分布的改进[J]. 石油炼制与化工，2004，35(2)：51 - 55.

[24] 卢春喜，徐桂明，卢水根，等. 用于催化裂化的预汽提式提升管末端快分系统的研究及工业应用[J]. 石油炼制与化工，2002，33(1)：33 - 37.

[25] 刘显成，卢春喜，时铭显. 基于离心与惯性作用的新型气固分离装置的结构[J]. 过程工程学报，2005，5(5)：504 - 508.

[26] 刘显成，卢春喜，张雪荣，等. 后置烧焦管出口新型气固分离器的大型冷模实验[J]. 化学反应工程与工艺，2005，21(4)：309 - 314.

[27] 孟振亮，刘梦溪，李飞，等. 新型气固环流反应器内颗粒流动的 CFD 模拟[J]. 化工学报，2016，67(8)：3234 - 3243.

[28] 张博峰，秦迪，孟振亮，等. 无序环流混合器的流体力学特性和颗粒混合特性[J]. 化学反应工程与工艺，2017，33(2)：104 - 115.

[29] POPOVIC M，ROBINSON C W. Estimation of some important design parameters for non-Newtonian liquid in pneumatically-agitated fermenters[C]. Proceedings of the 34th Canadian Chemical Engineering Conference，Quebec City，1984：258 - 263.

[30] CHISTI M Y，HALARD B，MOO-YOUNG M. Liquid circulation in airlift reactors[J]. Chemical Engineering Science，1988，43(3)：451 - 457.

[31] BELLO R A，ROBINSON C W，MOO-YOUNG M. Liquid circulation and mixing

characteristics in an external-loop airlift reactor [J]. Canadian Journal of Chemical Engineering, 1984, 62: 573 – 577.

[32] 张永利, 刘永民, 张红. 环流反应器研究进展[J]. 辽宁化工, 2002, 31(9): 410 – 414.

[33] 沈雪亮, 范永仙, 汪钊. 外循环气升式生物反应器中醋酯生产及应用[J]. 浙江大学学报(工学版), 2010, 44(2): 320 – 325.

[34] FAN Y B, LI G, WU L L, et al. Treatment and reuse of toilet wastewater by an airlift external circulation membrane bioreactor [J]. Process Biochemistry, 2006, 41(6): 1364 – 1370.

[35] KAUSTUBHA M, DEBABRATA D, MANINDRA N B. Treatment of phenolic wastewater in a novel multi-stage external loop airlift reactor using activated carbon [J]. Separation and Purification Technology, 2017, 58(3): 311 – 319.

[36] 丁富新, 李飞, 袁乃驹, 等. 环流反应器的发展和应用[J]. 石油化工, 2004, 33(9): 801 – 807.

[37] 卢春喜. 环流技术在石油炼制领域中的研究与应用[J]. 化工学报, 2010, 61(9): 2177 – 2185.

[38] 刘敏, 史士东, 李克健, 等. 气升式环流反应器应用于煤炭直接液化研究述评[J]. 洁净煤技术, 2008, 14(4): 47 – 51.

[39] 周明昊, 孙兰梅. 液体喷射环流反应器在 2, 3, 5 –三甲基苯醌合成中的应用[J]. 化工中间体, 2009, 5(9): 46 – 48.

[40] ROTAVERA B, DIEVART P, TOGBE C, et al. Oxidation kinetics of n-nonane: measurements and modeling of ignition delay times and product concentrations[J]. Proceedings of the Combustion Institute, 2011, 33(1): 175 – 183.

[41] MERCHUK J, GLUZ M, MUKMENEV I. Comparison of photobioreactors for cultivation of the red microalga porphyridium sp [J]. Journal of Chemical Technology & Biotechnology, 2015, 75 (12): 1119 – 1126.

[42] DEGEN J, UEBELE A, RETZE A, et al. A novel airlift photobioreactor with baffles for improved light utilization through the flashing light effect[J]. Journal of Biotechnology, 2001, 92 (2): 89 – 94.

[43] 许克家. 催化裂化提升管出口快分系统的密相环流式预汽提器的研究[D]. 北京: 中国石油大学(北京), 1998.

[44] 刘梦溪, 卢春喜, 时铭显. 两段气固环流反应器流体动力学行为和传质特性的研究[J]. 过程工程学报, 2006(z2): 398 – 402.

[45] LIU M X, LU C X, SHI M X. Hydrodynamic behavior of a gas-solid air-loop

stripper[J]. Chinese Journal of Chemical Engineering, 2004, 12(1): 55 - 59.

[46]　严超宇. 新型组合流化床石油焦燃烧器内气固流动行为研究[D]. 北京: 中国石油大学(北京), 2007: 42 - 43.

[47]　刘显成, 卢春喜, 时铭显. 两段气升式气固环流取热器导流筒壁与床层间的传热特性研究[J]. 过程工程学报, 2004, 4(S1): 611 - 618.

[48]　刘梦溪, 卢春喜, 时铭显. 单段高料位气-固环流预汽提器内颗粒速率分布的研究[J]. 石油化工, 2002, 31(10): 815 - 819.

[49]　严超宇, 卢春喜, 王德武, 等. 气-固环流反应器内瞬态流体力学特性的数值模拟[J]. 化工学报, 2010, 61(9): 2225 - 2234.

[50]　SHEN Z Y, YANG L J, LIU M X, et al. Particle velocity distribution in a novel draft tube-lifted gas-solid air loop reactor [J]. Advanced Materials Research, 2018, 39(20): 639 - 647.

[51]　CHAPMAN S, COWLING T G. The mathematical theory of non-uniform gases: an account of the kinetic theory of viscosity, thermal conduction and diffusion in gases[M]. New York: Cambridge University Press, 1970: 117 - 121.

[52]　ZIMMERMANN S, TAGHIPOUR F. CFD modeling of the hydrodynamics and reaction kinetics of FCC fluidized-bed reactors [J]. Industrial & Engineering Chemistry Research, 2005, 44(26): 9818 - 9827.

[53]　SYAMLAL M, ROGERS W, O'BRIEN T J. MFIX documentation theory guide [J]. Department of Energy, 2016, 48(11): 453 - 460.

[54]　ERGUN S. Fluid flow through packed columns [J]. Chemical Engineering Progress, 1952, 48(12): 2122 - 2132.

[55]　WEN C Y, YU Y H. Mechanics of fluidization [J]. Chemical Engineering Progress, 1966, 62(13): 100 - 113.

[56]　GIBILARO L G, DIFELICE R, Waldram S P, et al. Generalized friction factor and drag coefficient correlations for fluid particle interactions[J]. Chemical Engineering Science, 1985, 40(10): 1817 - 1823.

[57]　CRUZ E, STEWARD F R, Pugsley T. New closure models for CFD modeling of high-density circulating fluidized beds[J]. Powder Technology, 2006, 169(3): 115 - 122.

[58]　ARASTOOPOUR H, GIDASPOW D. Analysis of IGT pneumatic conveying data and fast fluidization using a thermohydrodynamic model[J]. Powder Technology, 1979, 22(1): 77 - 87.

[59]　GU W K, CHEN J C. A model for solid concentration in circulating fluidized beds.

Fluildization IX（eds，by Fan L S，Knowlton T）［M］. New York：Engineering Foundation，1998：145 - 165.

［60］ 周泉. 提升管内气固两相流模拟：基于 EMMS 理论的连续介质模型［D］. 北京：中国科学院大学，2015：54 - 58.

［61］ PARMENTIER J F，SIMONIN O，DELSART O. A functional subgrid drift velocity model for filtered drag prediction in dense fluidized bed［J］. AIChE Journal，2012，58(4)：1084 - 1098.

［62］ OZEL A，FEDE P，SIMONIN O. Development of filtered Euler-Euler two-phase model for circulating fluidised bed：high resolution simulation，formulation and a priori analyses［J］. International Journal of Multiphase Flow，2013，55(12)：43 - 63.

［63］ SCHNEIDERBAUER S，PUTTINGER S，PIRKER S. Comparative analysis of subgrid drag modifications for dense gas-particle flows in bubbling fluidized beds［J］. AIChE Journal，2013，59(11)：4077 - 4099.

［64］ DAVIDSON J F，HARRIS D. Fluidized particles［M］. UK，Cambridge：Cambridge University Press，1963：217 - 229.

［65］ LI J H，KWAUK M. Particle-fluid two-phase flow：the energy-minimization multi-scale method［M］. Beijing：Metallurgical Industry Press，1994：17 - 59.

［66］ YANG N，WANG W，GE W，et al. CFD simulation of concurrent-up gas-solid flow in circulating fluidized beds with structure-dependent drag coefficient［J］. Chemical Engineering Journal，2003，96(1 - 3)：71 - 80.

［67］ YANG N，WANG W，GE W，et al. Simulation of heterogeneous structure in a circulating fluidized-bed riser by combining the two-fluid model with the EMMS approach［J］. Industrial & Engineering Chemistry Research，2004，43(18)：5548 - 5561.

［68］ JIRADILOK V，GIDASPOW D，DAMRONGLERD S，et al. Kinetic theory based CFD simulation of turbulent fluidization of FCC particles in a riser［J］. Chemical Engineering Science，2006，61(17)：5544 - 5559.

［69］ JIRADILOK V，GIDASPOW D，BREAULT R W. Computation of gas and solid dispersion coefficients in turbulent risers and bubbling beds［J］. Chemical Engineering Science，2007，62(13)：3397 - 3409.

［70］ CHALERMSINSUWAN B，PIUMSOMBOON P，GIDASPOW D. Kinetic theory based computation PSRI riser：part Ⅱ—computation of mass transfer coefficient with chemical reaction［J］. Chemical Engineering Science，2009，64(6)：

1212 - 1222.

[71] CHALERMSINSUWAN B, PIUMSOMBOON P, GIDASPOW D. Kinetic theory based computation of PSRI riser: part Ⅰ—estimate of mass transfer coefficient[J]. Chemical Engineering Science, 2009, 64(6): 1195 - 1211.

[72] WANG W, LI J H. Simulation of gas-solid two-phase Flow by a multi-scale CFD approach-extension of the EMMS model to the sub-grid level[J]. Chemical Engineering Science, 2007, 62(1 - 2): 208 - 231.

[73] WANG W, LU B N, LI J H. Choking and flow regime transitions: simulation by a multi-scale CFD approach[J]. Chemical Engineering Science, 2007, 62(3): 814 - 819.

[74] LU B N, WANG W, LI J H, et al. Mufti-scale CFD simulation of gas-solid flow in MIP reactors with a structure-dependent drag model[J]. Chemical Engineering Science, 2017, 62(18 - 20): 5487 - 5494.

[75] WANG W, LU B N, DONG W G, et al. Mufti-scale CFD simulation of operating diagram for gas-solid risers[J]. The Canadian Journal of Chemical Engineering, 2008, 86(3): 448 - 457.

[76] CHAVAN V V. Physical principles in suspension and emulsion processing[M]. New York: John Wiley & Sons, 1984: 58 - 71.

[77] SHI Z S, WANG W, LI J H. A bubble-based EMMS model for gas-solid bubbling fluidization[J]. Chemical Engineering Science, 2011, 66(22): 5541 - 5555.

[78] HONG K, SHI Z S, WANG W, et al. A structure-dependent multi-fluid model (SFM) for heterogeneous gas-solid flow[J]. Chemical Engineering Science, 2013, 99(18): 191 - 202.

[79] HONG K, SHI Z S, ULLAH A, et al. Extending the bubble-based EMMS model to CFB riser simulations[J]. Powder Technology, 2014, 266(13): 424 - 432.

[80] LI H, QIAOQUN S, YURONG H, et al. Numerical study of particle cluster flow in risers with cluster-based approach[J]. Chemical Engineering Science, 2005, 60(23): 6757 - 6767.

[81] WANG S, ZHAO G B, LIU G D, et al. Hydrodynamics of gas-solid risers using cluster structure-dependent drag model[J]. Powder Technology, 2014, 254(34): 214 - 227.

[82] LI F, SONG F F, BENYAHIA S, et al. MP-PIC simulation of CFB riser with EMMS-based drag model[J]. Chemical Engineering Science, 2017, 82(12): 104 - 113.

[83] LU L Q, XU J, GE W, et al. EMMS-based discrete (EMMS-DPM) for simulation of gas-solid flows[J]. Chemical Engineering Science, 2014, 120: 67 – 74.

[84] WEINSTEIN H, MELLER M, SHAO M J, et al. The effect of particle density on holdup in a fast fluid bed[J]. AIChE, Symposium Series, 1984; 80(234): 52 – 59.

[85] WEINSTEIN H, SHAO M, SCHNITZLEIN M, et al. Radial variation in solid density in high velocity fluidization[M]. Toronto: Pergamon Press, 1986: 201 – 206.

[86] WEINSTEIN H, SHAO M, SCHNITZLEIN M, et al. Radial variation in void fraction in a fast fluidized bed[C]. Engineering Foundation, New York, 1986: 329 – 336.

[87] NAKAMURA K, CAPES C E. Vertical pneumatic conveying: a theoretical study of uniform and annular particle flow models[J]. Canada Journal of Chemical Engineering, 1973, 51(1): 39 – 46.

[88] BELL R, WITT P, EASTON A, et al. Comparison of representations for particle-particle interactions in a gas solid fluidised bed[C]. International Conference on CFD in Mineral & Metal Processing and Power Generation, CSIRO, 1997: 265 – 275.

[89] MOROOKA S, KAWAZUISHI K, KATO Y. Holdup and flow pattern of solid particles in freeboard of gas-solid fluidized bed with fine particles[J]. Powder Technology, 1980, 26(1): 75 – 82.

[90] XU G, SUN G, NOMURA K, et al. Two distinctive variational regions of radial particle concentration profiles in circulating fluidized bed risers[J]. Powder Technology, 1999, 101(1): 91 – 100.

[91] NAKAMURA K, CAPES C E. Vertical pneumatic conveying: a theoretical study of uniform and annular particle flow models[J]. Canada Journal of Chemical Engineering, 1973, 51(1): 39 – 46.

[92] HERB B, TUZLA K, CHEN J C. Distribution of solid concentrations in circulating fluidized bed[C]. Engineering Foundation, New York, 1989: 65 – 72.

[93] ISSANGYA A S, GRACE J R, BAI D R, et al. Radial voidage variation in CFB risers[J]. The Canada Journal of Chemical Engineering, 2011, 79(2): 279 – 286.

[94] PATIENCE G S, CHAOUKI J. Solids hydrodynamics in the fully developed region of CFB risers[C]. Engineering Foundation, New York, 1996: 33 – 40.

[95] TUNG Y, LI J, KWAUK M. Radial Voidage Profile in a Fast Fluidized Bed[M]. Beijing: Science Press, 1988: 139 – 145.

[96] WEI F, LIN H F, CHENG Y. Profiles of particle velocity and solids fraction in a

high density riser[J]. Powder Technology, 1988, 100(2－3): 183－189.

[97] WERTHER J. Fluid Mechanics of Large-Scale CFB Units[C]. AIChE, New York, 2015: 1－14.

[98] ZHANG W, TUNG Y, JOHNSSON F. Radial voidage profiles in fast fluidized beds of different diameters [J]. Chemical Engineering Science, 1991, 46 (12): 3045－3052.

[99] WANG X S, GIBBS B M. Hydrodynamics of circulating fluidized bed with secondary air Injection[M]. Toronto: Pergamon Press, 1991: 225－230.

[100] HARTGE, E U, RENSNER D, WERTHER J. Solids Concentration and Velocity Patterns in Circulating Fluidized Beds[M]. Oxford: Pergamon Press, 1988: 165－180.

[101] BADER R, FINDLAY J, KNOWLTON TM et al. Gas/Solids Flow Patterns in a 30.5 cm-Diameter Circulating Fluidized Bed[M]. Oxford: Pergamon Press, 1988: 123－137.

[102] 李晨. 催化裂化提升管颗粒浓度径向分布特性的研究[D]. 北京：中国石油大学（北京），2016: 34－45.

[103] 陈昇. 催化裂化提升管进料区内两相流动、混合特性的模拟及实验研究[D]. 北京：中国石油大学（北京），2016: 60－70.

[104] YAN Z, FAN Y, WANG Z, et al. Dispersion of feed sprayin a new type of FCC feed injection scheme[J]. AIChE Journal, 2016, 62(1): 46－61.

[105] HARRIS B J, DAVIDSON J F. Velocity profiles, gas and solids, in fast Fluidized Beds[C]. Engineering Foundation, New York, 2015: 219－226.

[106] BOUILLARD J X, MILLER A. Identifying hydrodynamics attractors in circulating fluidized beds[C]. AIChE, New York, 1994: 70－76.

[107] CHU L Y, CHEN W M, LEE X Z. Effects of geometric and operating parameters and feed characters on the motion of solid particles in hydrocyclones [J]. Separation and Purification Technology, 2002, 26(2－3): 237－246.

[108] KRAMBECK F J, SCHATZ K W. Closed reactor FCC system with provisions for surge capacity[P]. US Patent 4579716, USP, 1986.

[109] QIN S, LIU D. Application of optical fibers to measurement and display of fluidized systems[M]. Beijing: Science Press, 1982: 258－266.

[110] DRY R J. Radial concentration profiles in a fast fluidized bed [J]. Powder Technology, 1986, 49(1): 37－44.

[111] WEINSTEIN H, MELLER M, SHAO M J, et al. The effect of particle density

on holdup in a fast fluid bed[C]. AIChE. Symposium Series, 1984, 80 (234): 52 – 59.

[112] 陈昇, 闫子涵, 王维, 等. 提升管进料射流对气固两相流动混合的影响[J]. 过程工程学报, 2016, 16(4): 556 – 564.

[113] 闫子涵, 王钊, 陈昇, 等. 新型催化裂化提升管进料段油、剂两相混合特性[J]. 化工学报, 2016, 67(8): 3304 – 3312.

[114] 王钊. 新型催化裂化提升管进料段原料射流扩散特性的实验研究[D]. 北京: 中国石油大学(北京), 2016: 120 – 127.

[115] CHEN S, FAN Y, YAN Z, et al. CFD optimization of feedstock injection angle in a FCC riser[J]. Chemical Engineering Science, 2016, 153(8): 58 – 74.

[116] 程兆龙, 姚秀颖, 鄂承林, 等. 带隔流筒旋流快分系统新型工业催化裂化沉降器内气相流场的数值模拟[J]. 过程工程学报, 2016, 16(1): 1 – 9.

[117] FEI W, YONG J, ZHI Q Y, et al. Lateral and axial mixing of the dispersed particles in CFB[J]. Journal of Chemical Engineering of Japan, 1995, 28 (5): 506 – 510.

[118] LEO A B, PETER K. The grid region in a fluidized bed reactor[J]. AIChE Journal, 1973, 19(5): 1070 – 1072.

[119] BISIO A, KABEL R L. Scaleup of chemical process-conversion from laboratory scale tests to successful commercial size design[M]. Beijing: Chemical Industry Press, 1992: 169 – 190.

[120] STEGOWSKI Z, LECLERC J P. Determination of the solid separation and residence time distributions in an industrial hydrocyclone using radioisotope tracer experiments[J]. International Journal of Mineral Processing, 2002, 66(1 – 4): 67 – 77.

[121] HOEKSTRA A J, DERKSEN J J, VAN D A. An experimental and numerical study of turbulent swirling flow in gas cyclones[J]. Chemical Engineering Science, 1999, 54(13 – 14): 2055 – 2065.

[122] 嵇鹰, 徐德龙. 旋风预热器粗糙内壁对其性能的影响试验[J]. 西安建筑科技大学学报(自然科学版), 2009, 41(5): 730 – 734.

[123] 嵇鹰, 何廷树, 徐德龙. 降低旋风筒阻力的一种新方法[J]. 水泥, 1998, 12(8): 18 – 20.

[124] CASAL J, MARTINEZ J M. A better way to calculate cyclone pressure drop [J]. Chemical Engineering, 1983, 90(2): 99 – 115.

[125] 万古军, 魏耀东, 时铭显. 高温条件下旋风分离器内气相流场的数值模拟[J]. 过程

工程学报，2007，7(5)：871 - 876.

[126]　李文琦，陈建义. 旋风分离器高温性能试验研究[J]. 中国石油大学学报(自然科学版)，2006，30(3)：97 - 100.

[127]　钱付平，章名耀. 温度对旋风分离器分离性能影响的数值研究[J]. 动力工程，2006，26(2)：253 - 257.

[128]　万古军，孙国刚，魏耀东，等. 温度和压力对旋风分离器内气相流场的综合影响[J]. 动力工程学报，2008，28(4)：579 - 584.

[129]　许世森，许晋源，许传凯. 温度和压力对旋风分离器高温除尘性能影响的研究[J]. 动力工程，1997，17(2)：52 - 58.

[130]　李凯，陈登宇，朱锡锋. 气体性质对旋风分离器性能影响的数值模拟[J]. 农业机械学报，2014，45(3)：179 - 183.

[131]　SHI L M，BAYLESS D J，KREMER G，et al. CFD simulation oI the influence of temperature and pressure on the flow pattern in cyclones [J]. Industrial & Engineering Chemistry Research，2006，45(22)：7667 - 7672.

[132]　杨朝合，陈小博，李春义，等. 催化裂化技术面临的挑战与机遇[J]. 中国石油大学学报(自然科学版)，2017，41(6)：171 - 177.